什么是农业文化遗产

延续千年的智慧典范

◎闵庆文 著

—农业农村部资助—

—农业文化遗产知识读本与保护指导—

中国农业科学技术出版社

图书在版编目（CIP）数据

什么是农业文化遗产：延续千年的智慧典范 / 闵庆文著 .—北京：中国农业科学技术出版社，2019.6
（农业文化遗产知识读本与保护指导）
ISBN 978-7-5116-4186-1

Ⅰ .①什… Ⅱ .①闵… Ⅲ .①农业—文化遗产—保护—中国 Ⅳ .① S

中国版本图书馆 CIP 数据核字（2019）第 088662 号

责任编辑 穆玉红
责任校对 李向荣

出 版 者 中国农业科学技术出版社
北京市中关村南大街 12 号 邮编：100081
电　　话 （010）82106626（编辑室）（010）82109702（发行部）
（010）82109709（读者服务部）
传　　真 （010）82106626
网　　址 http://www.castp.cn
发　　行 各地新华书店
印 刷 者 北京富泰印刷有限责任公司
开　　本 710 mm × 1 000 mm 1 /16
印　　张 9.25
字　　数 220 千字
版　　次 2019 年 6 月第 1 版 2020 年 9 月第 3 次印刷
定　　价 35.00 元

拥抱农业文化遗产保护的春天（代序）

尽管全球重要农业文化遗产（GIAHS）的研究与保护工作开展的时间不长，但因其理念新颖，并在中国等国家的强力支持下，已经取得了巨大成绩并展现出勃勃生机，为未来的健康发展奠定了基础。经过10多年的努力，参与的国家已经从最初的6个增加到21个，GIAHS项目也从最初的6个增加到57个。最为重要的是，在2015年6月召开的联合国粮农组织第39次大会上，GIAHS被列为联合国粮农组织业务工作之一。GIAHS的重要性与保护紧迫性，已经取得了较为广泛的国际共识；首批试点国家在管理机制、保护与发展实践等方面取得的成绩，已经辐射到更大的范围；日本、韩国等国家表现出强劲的发展势头，发展中国家积极参与，一些欧美国家也开始表现出浓厚的兴趣。可以说，从世界范围看，全球重要农业文化遗产的春天已经到来。

中国的情况更是如此。

我们有独特的资源基础。我国是一个农业大国和农业古国，自然条件复杂。自人类历史文明以来，勤劳的中国人民运用自己的聪明智慧，与自然共荣共存，依山而住，傍水而居，经过一代代的努力和积累创造出了悠久而灿烂的中华农耕文明，成为中华传统文化的重要基础和组成部分，并曾引领世界农业文明数千年。其中所蕴含的丰富的生态哲学思想和生态循环农业理念，至今对于国际可持续农业的发展依然具有重要的指导意义和参考价值。

我们有成功的实践经验。作为最早响应并积极参与全球重要农业文化遗产保护倡议的国家之一，在短短10多年间，在联合国粮农组织的指导下，在地方政府和民众的热情参与和不同学科专家的支持下，经过农业农村部国际合作司、原农产品加工局及中国科学院地理科学与资源研究所等通力合作，使我国的农业文化遗产发掘与保护工作走在了世界的前列。我国已拥有15项全球重要农业文化遗产，数量居于世界各国之首；在国际上率先开展国家级农业文化遗产发掘与保护，现已认定4批91项中国重要农业文化遗产；在国际上率先颁布《重要农业文化遗产管理办法》，并确立了“在发掘中保护、在利用中传承”的指导思想，建立了“保护优先、合理利用，整体保护、协调发展，动态保护、功能拓展，多方参与、惠益共享”的保护原则和“政府主导、分级管理、多方参与”的管理机制；从历史文化、系统功能、动态保护、发展战略等方面开展了多学科综合研究，初步形成了一支包括农业历史、农业生态、农业经济、农业政策、农业旅游、乡村发展、农业民俗以及民族学与人类学等领域专家在内的研究队伍；通过技术指导、示范带动等多种途径，有效保护了遗产地农业生物多样性与传统农耕文化，促进了农业与农村的可持续发展，提高了农户的文化自觉性和自豪感，改善了农村生态环境，促进了农业发展方式的转变，带动了休闲农业与乡村旅游的发展，提高了农民收入与农村经济发展水平，产生了良好的生态效益、社会效益和经济效益。

我们迎来了前所未有的发展机遇。习近平总书记在中央农村工作会议上指出:“农耕文化是我国农业的宝贵财富，是中华文化的重要组成部分，不仅不能丢，而且要不断发扬光大。”“农村是我国传统文明的发源地，乡土文化的根不能断，农村不能成为荒芜的农村、留守的农村、记忆中的故园。”国务院办公厅以国办发〔2015〕59号形式发布的《关于加快转变农业发展方式的意见》指出：“保持传统乡村风貌，传承农耕文化，加强重要农业文化遗产发掘和保护，扶持建设一批具有历史、地域、民族特点的特色景观旅游村镇。提升休闲农业与乡村旅游示范创建水平，加大美丽乡村推介力度。”2016—2018年，中央“一号文件”均将发掘保护农业文化遗产写入其中。这些无不昭示着农业文化遗产的充满无限希望的未来。

我们迎来了农业文化遗产保护的春天，我国农业文化遗产的发掘、保护、利用、传承，必将为实现中华民族伟大复兴的“中国梦”、为“让农业成为有奔头的产业，让农民成为体面的职业，让农村成为安居乐业的美丽家园”作出应有的贡献。

李文华

中国工程院院士

联合国粮农组织全球重要农业文化遗产原指导委员会主席

农业农村部全球/中国重要农业文化遗产专家委员会主任委员

世界遗产中的农业文化遗产与全球重要农业文化遗产[①]

1 世界遗产中对农业文化遗产的关注

世界遗产概念的提出，标志着人们对人类自然和文化财富的新认识，它使我们的视野超越了“文物”“风景名胜区”“自然保护区”等传统概念。更深入地认识到这些不可复制的文化和自然资产对人类文明历史的见证和大自然赋予的瑰丽神奇的景观，是人类可持续发展的宝贵资源，是世界人民的共同财富。

1972 年的《保护世界文化和自然遗产公约》，确定了文化遗产、自然遗产、文化与自然双重遗产共三种类型。随着世界遗产名录的不断扩大，随着世界遗产保护事业的发展，一些原来世界遗产的内容难以涵盖的项目越来越引起人们的关注。于是在公约实行 20 年之后，世界遗产委员会在 1992 年提出了世界遗产保护的一个新的类型——文化景观。作为一个单独的遗产类型（亦有人认为文化景观仍为文化遗产类型），文化景观以独特的视角和选取的范围，既不同于文化遗产对文化的倾情关注，又与自然遗产对自然的关爱有所区别。它主要体现的是人类长期的生产、生活与大自然所达成的一种和谐与平衡。与以往的单纯层面的遗产相比，它更强调人与环境共荣共存、可持续发展。

具有重要生态意义的传统农业生产模式正是这样一类。从已经被列入世界遗产名录中的项目来看，就有东南亚稻米区的水稻梯田景观、欧洲的葡萄园景观等，它们并不属于原来我们所熟悉的历史建筑、历史城市或者传统村落的遗产类型，但具有明显的、突出的文化价值，反映了人类文明发展的重要方面。

目前已经被列入世界遗产名录的与农业文化有关的遗产项目主要有：菲律宾科迪勒拉稻作梯田，被誉为“通往天堂的天梯”，因符合标准Ⅲ、Ⅳ、Ⅴ于

① 原刊于《资源科学》2006 年 28 卷 4 期 206–208 页，题目有改变。

1995 年被列为世界文化遗产；荷兰的金德代客—埃尔斯豪特的风车系统，因符合标准Ⅰ、Ⅱ、Ⅳ于 1997 年被列为世界文化遗产；法国圣艾米利昂葡萄园，因符合标准Ⅲ、Ⅳ于 1999 年被列为世界文化遗产；法国的卢瓦尔河谷，因符合标准Ⅰ、Ⅱ、Ⅳ于 2000 年被列为世界文化遗产；瑞典的奥兰南部农业景观，因符合标准Ⅳ、Ⅴ于 2000 年被列为世界文化遗产；古巴东南部最早的咖啡种植园考古景观，因符合标准Ⅲ、Ⅴ于 2000 年被列为世界文化遗产；葡萄牙的阿尔托杜劳葡萄酒地区，因符合标准Ⅱ、Ⅲ、Ⅳ于 2001 年被列为世界文化遗产；匈牙利的托考伊葡萄酒产区历史文化景观，因符合标准Ⅲ于 2002 年被列为世界文化遗产；德国莱茵河上游中部河谷，因符合标准Ⅱ于 2002 年被列为世界文化遗产；葡萄牙的皮克岛酒庄文化景观，因符合标准Ⅲ、Ⅴ于 2004 年被列为世界文化遗产。

2　农业文化遗产项目及其意义

显然，被列入世界遗产名录的具有农业文化特征的项目还很少，难以起到对目前世界各地由于环境变化和经济发展而造成不利影响的农业文化遗产的保护。特别是世界各地人民在长期的历史发展过程中，根据各地的自然生态条件，创造、发展出的传统农业生产系统和景观，这些特殊的农业系统为农民世代传承并不断发展，保持了当地的生物多样性，适应了当地的自然条件，产生了具有独创性的管理实践与技术的结合，深刻反映了人与自然的和谐进化，持续不断地提供了丰富多样的产品和服务，保障了食物安全，提高了生活质量。既具有重要的文化价值、景观价值，又具有显著的生态效益、经济效益和社会效益，特别是对于当今人类社会协调人与自然的关系、促进经济社会可持续发展显得更加弥足珍贵，是具有全球重要意义的农业文化遗产。

但由于技术的快速发展和由此而引起的文化与经济生产方式的变化，在很多地方已经严重威胁着这些农业文化遗产以及作为其存在基础的生物多样性和社会文化。人们过分关注农业生产力的发展，强调专业化的生产与全球市场的作用，追求最大的经济效益，忽视系统外部性特征以及行之有效的适应性管理策略，导致了不可持续的生产方式的盛行和对自然资源的过度利用，引起了生产力水平的下降，带来了生态安全的风险，丧失了相关的知识和文化体系，造成了生态恶化—经济贫困—文化丧失—社会动荡的恶性循环。

正是在这样的背景下，2002 年 8 月，联合国粮农组织（FAO）、联合国发展计划署（UNDP）和全球环境基金（GEF）一起，联合联合国教科文组织（UNESCO）、国际文化财产保护与修复研究中心（ICCROM）、国际自然保护联盟（IUCN）、联合国大学（UNU）等10余家国际组织或机构以及一些地方政府，开始全球重要农业文化遗产（Globally Important Ingenious Agricultural Heritage Systems，GIAHS）项目的准备工作，目的是建立全球重要农业文化遗产及其有关的景观、生物多样性、知识和文化保护体系，并在世界范围内得到认可与保护，使之成为可持续管理的基础。该项目以《生物多样性公约》《世界遗产公约》《食物与农业植物遗传资源的保护和可持续利用的全球行动计划》《关于食物与农业植物遗传资源的国际条约》《21世纪议程》《防止荒漠化公约》和《气候变化公约》等为基础。项目的日常事务由联合国粮农组织水土司负责。

按照FAO的定义，全球重要农业文化遗产“在概念上等同于世界文化遗产，是农村与其所处环境长期协同进化和动态适应下所形成的独特的土地利用系统和农业景观，这种系统与景观具有丰富的生物多样性，而且可以满足当地社会经济与文化发展的需要，有利于促进区域可持续发展”。

预备项目的真正启动从2004年4月开始。截至2006年6月，已经在6个国家挑选出5个具有典型性和代表性的传统农业系统（包括中国的稻鱼共生系统）作为试点，正进一步编制下一阶段的工作计划，试图开发一个方法论框架，逐步探索参与式发展和“动态保护”的模式。计划在GEF的支持下，通过6年左右的努力，建立一个包括100~150个不同类型传统农业生产系统的网络，促进农业文化遗产的保护并使之得到全世界的认可。

3 我国的农业文化遗产及其保护的紧迫性

在FAO已经选出的6个试点之中，我国的“稻鱼共生系统”被列入其中，并确定浙江省青田县龙现村作为具体试验点。2005年6月9~11日，在杭州—青田召开了项目启动学术研讨会和揭牌仪式。

稻鱼共生系统，即稻田养鱼，是一种典型的生态农业生产方式，系统内水稻和鱼类共生，通过内部自然生态协调机制，实现系统功能的完善。系统既可使水稻丰产，又能充分利用田中的水、有害生物、虫类来养殖鱼类，综合利用水田中水稻的一切废弃能源，来发展生产，提高生产效益，在不用或少用高效低毒农药的前提下，以生物防治虫害为基础，养殖出优质鱼类。

青田县位于浙江省南部，瓯江流域中下游，介于27° 56′ N~28° 29′ N，

119° 47′ E~120° 26′ E，总面积 2 493 平方千米，全县稻田养鱼历史可追溯到 1 200 年以前，2004 年稻田养鱼面积 6 666.67 公顷。悠久的历史赋予这一系统丰厚的文化底蕴，配合稻鱼共生生态景观和优越的自然条件，形成了完备的农业文化遗产旅游资源体系，主要包括山水景观、动植物旅游资源、农耕文化资源、田鱼文化资源、华侨文化资源、民俗文化资源、历史遗存资源等。

事实上，作为一个农业大国和农业古国，我国传统的生态农业模式很多，有些在少数民族生态文化中占有重要地位，如具有悠久历史、并在国际上产生了很大影响的桑基鱼塘、梯田种植、坎儿井、淤地坝、农林复合等系统，这些均属于农业文化遗产的范畴。

与国际上许多地区所面临的问题一样，我国的农业文化遗产也随着经济的发展和现代技术的应用，面临着严峻的挑战。

以稻鱼共生系统的保护为例。我国稻田养鱼的面积在新中国成立后一度快速发展，1959 年为 66.7×10^4 公顷，1986 年快速增加到 98.5×10^4 公顷，再到 2000 年的 153.2×10^4 公顷。但之后有所降低，2001 年为 152.8×10^4 公顷，2002 年为 148.0×10^4 公顷。这是因为稻田养鱼面临着具有更高产量的单一种植或养殖的威胁。因为与单一的水稻种植相比，稻田养鱼的管理需要更多的劳动力和乡村合作。在江苏省的考察表明，2002 年采用稻田养鱼技术的农民中，在 2003 年有一半的人愿意选择种植单一的水稻或其他的农作物而不是稻田养鱼。一些农民说，如果他们挖相同面积的水稻田作为鱼塘，就可以获得比稻田养鱼更多的经济收益。而一些原来使用稻田养鱼的农民，他们也宁愿在市场上购买水产品，而不愿在自己的水稻田中养鱼。在稻田养鱼系统管理方面额外投入的劳动力的成本几乎与他们生产水产品的价值相同。为了使鱼能够长到市场出售的大小，农民们通常需要在水稻收割之后，继续在池塘或水稻田中饲养一段时间，这都需要土地和劳动力的继续投入，而土地和劳动力目前在中国农村越来越显得稀缺。

农业文化遗产除了具有价值突出、原真性和不可再生性等世界文化遗产的一般特点外，还有其自身特性。首先，它不仅是继承下来的作为人类共同财富的文化形态，而且是一种经济社会生产方式；其次，它充分体现了系统要素之间、人与自然之间和谐的可持续发展理念；最后，在这类系统中，人（农民）的参与是十分重要的，可以说，没有农民就没有遗产的存在。因此，在农业文化遗产保护中，一个十分重要的问题就是要充分考虑系统保护与发展之间的关系，要体现动态保护（Dynamic Conservation）的思想，特别是要考虑农民生活条件的改善和生活质量的提高，使其愿意继续从事传统农事活动，只有这样才能确保农业文化遗产的传承。

全球重要农业文化遗产：一种新的世界遗产类型[①]

今天（2018 年 6 月 9 日）是我国第二个“文化与自然遗产日”，如果连同前面的“文化遗产日”，应当是第 13 个。颇有意思的是，今天也是我国第一个全球重要农业文化遗产——浙江青田稻鱼共生系统正式授牌 13 周年纪念日。

1 国际组织认定的“世界遗产”类型众多

谈到文化与自然遗产，人们很容易地想到世界文化遗产（包括文化景观）、自然遗产、混合遗产等，并习惯性地简称为“世界遗产”。

的确，联合国教科文组织的“世界遗产”以其较长的发展历史、相对完善的认定机制和数量众多的项目，产生了良好的社会影响并在文化与生态保护方面发挥了重要作用。但严格说来，除了上述类型以外，联合国教科文组织于 1992 年启动的世界记忆遗产（又称世界记忆工程或世界档案遗产）、1997 年启动的人类口头与非物质文化遗产代表作（即世界非物质文化遗产）亦属于文化遗产的范畴；联合国教科文组织于 1971 年实施的“人与生物圈计划”及 1976 年开始认定的生物圈保护区、于 2000 年启动的世界地质公园则属于自然遗产的范畴。不仅如此，依据 1971 年签署、1975 年生效的《国际重要湿地特别是水禽栖息地公约》所认定的国际重要湿地也属于自然类遗产，而世界纪念性建筑基金会于 1995 年开始认定的世界纪念性建筑遗产、国际灌溉排水委员会从 2014 年开始评选的世界灌溉工程遗产等则是典型的文化类遗产。

当然，还有一类重要的遗产类型，那就是联合国粮农组织于 2002 年提出的全球重要农业文化遗产（GIAHS）。

① 原刊于《农民日报》2018 年 6 月 9 日第 3 版。

2 联合国粮农组织倡导的全球重要农业文化遗产

针对快速城镇化、工业化和农业现代化技术的应用所造成的传统技术体系丧失、生物多样性破坏、农业生态系统功能退化和农业可持续发展危机等问题，2002 年 8 月，联合国粮农组织（FAO）在约翰内斯堡举行的“世界可持续发展峰会”的一个边会上，发起了 GIAHS 保护倡议，并在全球环境基金等支持下实施“GIAHS 动态保护与适应性管理”项目。该项目以《生物多样性公约》《保护世界文化与自然遗产公约》《食物和农业植物遗传资源国际公约》《21 世纪议程》等为基础，目的是建立全球重要农业文化遗产及其有关的景观、生物多样性、知识和文化保护体系，并在世界范围内得到认可与保护，使之成为可持续管理的基础。

按照联合国粮农组织的定义，GIAHS 是“农村与其所处环境长期协同进化和动态适应下所形成的独特的土地利用系统和农业景观，这种系统与景观具有丰富的生物多样性，而且可以满足当地社会经济与文化发展的需要，有利于促进区域可持续发展”。农业文化遗产体现了自然遗产、文化遗产、文化景观和非物质文化遗产的多重特征，具有活态性、动态性、适应性、复合性、战略性、多功能性、可持续性、濒危性等基本特征。经过多年努力，目前已有来自亚洲、非洲、拉丁美洲、欧洲 20 个国家的 50 个项目（截至 2019 年 3 月底，21 个国家的 57 个项目，详见附 1——作者注）得到了认定。其中，我国以 15 个项目居于首位。

3 全球重要农业文化遗产的自然文化特征

严格说来，在联合国教科文组织的世界文化遗产中，虽然没有“农业遗产”这一类型，但是有许多农业类遗产被列入“文化景观”的范围。例如，以苏巴克灌溉系统为核心的印度尼西亚巴厘文化景观、包括大量农耕文化元素的法国卢瓦尔河谷、位于喀斯和塞文的地中海农牧文化景观、包括葡萄园景观在内的勃艮第与香槟葡萄园、瑞典奥兰南部农业景观、古巴东南最早的咖啡种植园等等。

比较有意思的是，目前有 6 个地方同时获得了联合国粮农组织与教科文组织的认定。坦桑尼亚恩戈罗恩戈罗保护区 1979 年被认定为世界自然遗产、马赛草原游牧系统 2008 年被认定为全球重要农业文化遗产；菲律宾科迪勒拉山区稻作梯田 1995 年被认定为世界文化遗产、依富高稻作梯田系统 2005 年被认定为全球重要农业文化遗产；韩国济州岛火山与熔岩地貌 2007 年被认定为世界自然遗产、济州岛石墙农业系统 2014 年被认定为全球重要农业文化遗产；我国云南红河哈尼稻作梯田系统 2010 年被认定为全球重要农业文化遗产、2013 年哈尼稻作梯田被认定为世界文化景观；阿拉伯联合酋长国阿尔恩文化遗址（包括绿洲地区）2011 年被认定为世界文化遗产、艾尔与里瓦绿洲传统椰枣种植系统 2015 年被认定为全球重要农业文化遗产；伊朗喀山坎儿井灌溉系统 2014 年被认定为全球重要农业文化遗产、波斯坎儿井 2016 年被认定为世界文化遗产。

如果考虑世界地质公园、世界灌溉工程遗产、非物质文化遗产等其他类型的遗产项目，这样的地方更多。我国贵州从江侗乡稻鱼鸭系统 2011 年被认定为全球重要农业文化遗产，在农耕文化传承中具有重要作用的侗族大歌 2009 年被列入世界非物质文化遗产名录；我国湖南新化紫鹊界梯田 2014 年入选世界灌溉工程遗产、2018 年被列入全球重要农业文化遗产；日本岐阜长良川流域渔业系统 2015 年被认定为全球重要农业文化遗产，其中作为重要组成部分的曾代用水同年被认定为世界灌溉工程遗产；最有意思的可能是韩国济州岛，除了前述的世界自然遗产、全球重要农业文化遗产外，2002 年被列入世界生物圈保护区、2010 年被认定为世界地质公园。

这是否可以反映出两个问题，一是遗产的界限趋于模糊，文化遗产不再是一般意义上的文物，至少文化景观中就有自然的要素，而自然遗产中也有很多文化要素；二是农业文化遗产因其以农业生产为基础的特性，决定了其复合性特点，即不仅包括一般意义上的农业文化和知识技术，还包括那些历史悠久、结构合理的传统农业景观和系统，体现了自然遗产、文化遗产、文化景观、非物质文化遗产等多重特点。

全球重要农业文化遗产的复合性特点还可以从其基本标准中看出。一是经济因素，提供保障当地居民食物安全、生计安全和社会福祉的物质基础；二是生态因素，具有遗传资源与生物多样性保护、水土保持、水源涵养等多种生态系统服务与景观生态价值；三是技术因素，蕴含生物资源利用、农业生产、水土资源管理、景观保持等方面的本土知识和适应性技术；四是文化因素，拥有深厚的历史积淀和丰富的文化多样性，在社会组织、精神和艺术等方面具有文化传承的价值；五是景观因素，体现人与自然和谐演进的生态智慧与景观美学。

4　农业文化遗产保护需要探索新途径

全球重要农业文化遗产发掘与保护需要借鉴世界遗产的经验，世界自然与文化遗产保护在很多情况下也需要关注传统农耕文化，这已经在粮农组织和教科文组织之间取得共识。为推动世界自然文化遗产与全球重要农业文化遗产之间的合作，2018 年 1 月两个国际机构举行了研讨会，并确定了 14 个行动要点。在今年（2018 年）4 月份举行的“联合国粮农组织全球重要农业文化遗产第五次国际论坛”上，就邀请了联合国教科文组织专家介绍经验。在即将于巴林举行的“世界遗产大会”上，联合国粮农组织将设立边会（该会议已于 2018 年 6 月 30 日召开，作者应邀参加并作报告——作者注），介绍全球重要农业文化遗产计划及进展情况。

全球重要农业文化遗产的活态性与动态性特征，决定了不能采用一般意义上的自然与文化遗产保护思路与措施，而需要建立三个机制，即以生态与文化保护补偿为核心的政策激励机制，以有机生产、功能拓展、“三产”融合为核心的产业促进机制，由政府、科技、企业、农民、社会构成的“五位一体”的多方参与机制。

“勿让其失传”是农业文化遗产发掘与保护的基本要求，焕发传统农业新的活力，促进经济发展、生态保护与文化传承是农业文化遗产发掘与保护的根本目的。

延伸阅读

文化与自然遗产日及其历年主题

2005年12月，国务院决定从2006年起，每年6月的第二个星期六为中国的“文化遗产日”，目的是营造保护文化遗产的良好氛围，提高人民群众对文化遗产保护重要性的认识，动员全社会共同参与、关注和保护文化遗产，增强全社会的文化遗产保护意识。2016年9月，国务院批复住房城乡建设部，同意自2017年起，将每年6月第二个星期六的“文化遗产日”调整设立为“文化和自然遗产日”。

文化与自然遗产日历年主题：

- 2006年：保护文化遗产，守护精神家园；
- 2007年：保护文化遗产，构建和谐社会；
- 2008年：文化遗产人人保护，保护成果人人共享；
- 2009年：保护文化遗产，促进科学发展；
- 2010年：文化遗产在我身边；
- 2011年：文化遗产与美好生活；
- 2012年：文化遗产与文化繁荣；
- 2013年：文化遗产与全面小康；
- 2014年：让文化遗产活起来；
- 2015年：保护成果全民共享；
- 2016年：让文化遗产融入现代生活；
- 2017年：文化遗产与“一带一路”；
- 2018年：文化遗产的传播与传承。

关于“全球重要农业文化遗产”的中文名称及其他[①]

1 名称及其由来

目前在科技文献和有关新闻报道中出现的名称有农业文化遗产、农业遗产、全球重要农业文化遗产和世界农业遗产等。比较混乱，而且也引起了一些不必要的误解，甚至有人认为“全球重要农业文化遗产只不过是国内一些学者想当然的误译”。为此，有必要对此进行说明。

有必要从英文名称说起。联合国粮农组织最初使用的英文名称为 Globally Important Ingenious Agricultural Heritage Systems，简称 GIAHS。这个名称应从两个方面理解：Globally Important 和 Ingenious Agricultural Heritage Systems。前一部分可以理解为“（具有）全球重要（意义的）”，因为该项目的提出主要是基于生物多样性保护，为了获得全球环境基金（GEF）的支持，这个词语非常重要。后一部分可以理解为“具有独创性的农业遗产系统”。联合国粮农组织在其中文网站上称为“农业遗产系统”，在其所散发的中文版宣传材料中，称为“全球重要的农业遗产系统”。在考虑中文翻译时，当时笔者与联合国大学的梁洛辉先生和中国科学院农业政策中心的胡瑞法研究员等，经过认真讨论，采用了目前这一译法。自此以后，我们采用的均是“全球重要农业文化遗产”，为方便，有时也简写为“农业文化遗产”，甚至是“农业遗产”。

显然，与粮农组织中文网站上的名称相比，少了“系统”，多了“文化”。少了“系统”，主要是想努力与目前的世界遗产类型（自然遗产、文化遗产、非物质文化遗产等）在语言表述上接近；多了“文化”，主要是想表达 Ingenious 的含义，而且从有关项目材料中也很容易发现，对于本土知识的保护是该项目的重要

① 本文原刊于《古今农业》2007 年第 3 期 116-120 页。

目的之一。

需要注意的是，从 2006 年开始，粮农组织使用了 Globally Important Agricultural Heritage Systems 的名称，仍然简称为 GIAHS，但其定义与内涵并没有改变。关于在英文中没有“Culture”一词，也许该项目的总协调人、联合国粮农组织官员 Parviz Koohafkan 先生的解释可以作为一个回答：“Agriculture”本身就是一种“Culture”。

农业遗产的概念比较宽泛，从我国著名农史学家石声汉先生的论述中可以看出。他指出：我们从祖先继承下来的农业科学技术知识遗产包括具体实物和技术方法两大部门。前者指的是可以由感官直接感知的东西，主要指农业遗产中的生产手段部分，包括生产上所需要的各种物质资料。主要有三部分：生物，包括已驯化了的和正在驯化的植物、动物；农具，包括耕垦、保养、灌溉、收获、初步加工、贮存乃至纺织等各方面简单或者复杂的人力、畜力、水力、风力等机械；农业生产技术设施所留下的“基本建设”，主要是各种加工过的农用土地，如旱田、水田、梯田、园圃、果林的建置，供农业生产用的大小农田水利工程（但不包括专为“漕运”而开辟的运河）以及畜舍牧场等饲养基地。后者指在一定条件下，使用一定的生产手段，把从生产实践中得到的认识，用语言乃至文字加以总结整理，成为理性知识，是可以传授的。大致有两个方面：一是直接用于农业生产的栽培饲养技术方法，包括如何整理及利用土地，如何选育，如何栽培、护理、保管、收获，以及生产程序等农事活动的安排；二是农村生活所必需的各种家庭副业方面的技术方法，包括农作物和畜产品的初步加工制造、保藏、利用，农具修造等。因此，在农业考古与农史研究中占有重要地位的古农具、古农书、古农谚等，都属于农业遗产的范畴，但并非本文所指全球重要农业文化遗产的范畴。因此，目前我们所说的“农业文化遗产”只是“农业遗产”的一部分，而且更强调对生物多样性保护（该项目属于全球环境基金中生物多样性框架下的项目）具有重要意义的农业系统（System）或景观（Landscape）。这从下面关于其定义的描述可以很容易地看到这一点。

由于目前联合国教科文组织（UNESCO）虽然是该项目的重要发起单位之一，而且派代表参加了每次会议，但在目前的《世界遗产名录》（*World Heritage List*）》中并没有列入农业遗产这一类型，所以目前称“世界农业遗产”似乎不妥。当然，争取将农业文化遗产列入《世界遗产名录》也是该项目的目标之一，届时，也可能会出现一个新的名称“世界农业遗产”（*World Agricultural*

Heritage）。

2　定义与内涵

在目前的多数文献中，全球重要农业文化遗产一般采用了这样的定义：全球重要农业文化遗产“是农村与其所处环境长期协同进化和动态适应下所形成的独特的土地利用系统和农业景观，这种系统与景观具有丰富的生物多样性，而且可以满足当地社会经济与文化发展的需要，有利于促进区域可持续发展。”这个定义是笔者根据粮农组织的定义翻译而来的，其英文原文为：Globally Important Agricultural Heritage Systems are defined as “Remarkable land use systems and landscapes which are rich in globally significant biological diversity evolving from the co-adaptation of a community with its environment and its needs and aspirations for sustainable development.”

关于农业文化遗产的内涵，Koohafkan先生曾经做过非常准确的描述。他在接受《科学时报》记者采访时明确指出：农业文化遗产与其他遗产类型不同的是，它主要体现的是人类长期的生产、生活与大自然所达成的一种和谐与平衡。它不仅是杰出的景观，对于保存具有全球重要意义的农业生物多样性、维持可恢复的生态系统和传承高价值的传统知识和文化活动也具有重要作用。与以往单纯层面的遗产相比，它更强调人与环境共荣共存、可持续发展。

3　项目及其试点

与世界遗产有1972年11月16日通过的《保护世界文化和自然遗产公约》，有每年一度的世界遗产大会，有教科文组织下设的世界遗产中心具体负责日常事务，有较为完善的评选标准等相比，农业文化遗产目前还很不成熟。严格地说，目前只是处于项目阶段。2002年开始，在全球环境基金等的支持下，粮农组织开始酝酿，并于2005年在40多个候选点中确定了6个国家的5个系统作为试点。由于各种原因，直到2007年6月全球环境基金理事会上才最终获得批准，预计将于年底前后正式启动（事实上后又有反复，直到2009年才正式启动——作者注）。该项目的正式名称为“全球重要农业文化遗产的保护与适应性管理”（*Conservation and Adaptive Management of Globally Important Agricultural Heritage Systems*）。

到底有哪些试点？这是一个说法比较混乱的问题。在一些文献中，把我国浙江省青田县的传统稻鱼共生系统（Traditional Rice-Fish Agriculture）说成亚洲唯一、世界第二等，这是不准确的。秘鲁普诺土著农作系统、突尼斯南部的传统绿洲、亚洲的稻谷 / 养鱼、法属圭亚那的迁移性耕作、东非放牧、斯洛伐克的山区农作系统等 6 个所谓的全球重要农业文化遗产，是从粮农组织当时的中文网站上获得的，最初的来源是在项目的初期申报材料和 Parviz Koohafhkan 先生的文章中所提到的。事实上，在项目准备期（PDF-B），选出了 7 个国家的 6 个试点，但由于摩洛哥最后没有提供确认函（这是 GEF 项目所必需的），就删去了该国。因此，准确的说法应当是，截至目前（2007 年 9 月），共有 6 个国家的 5 个试点，它们是：中国青田的稻鱼共生系统，菲律宾伊富高的稻作梯田系统，秘鲁的安第斯高原农业系统，智利的智鲁岛屿农业系统和阿尔及利亚、突尼斯的绿洲农业系统。需要说明的是，由于笔者从 2005 年 5 月才开始介入该项工作，对于整个项目进程了解不多，所以在最初的几篇文章里，也曾经对这个问题作了错误的描述，顺便向读者表示歉意。

据笔者了解，截至目前（2007 年）通过各种渠道向粮农组织提出申请的大约有 40 个。按照项目设计，计划在未来 5 年左右的时间里，确定 100~150 个作为全球试点。而按照粮农组织的估计，全世界至少有 200 个传统农业系统有资格评为全球重要农业文化遗产，需要进行保护。

按照粮农组织所确定的试行标准，全球重要农业文化遗产的认定必须符合 5 个方面的标准：丰富的生物多样性；有利于食物安全；传统的农业知识；丰富的文化多样性；丰富的农业景观多样性。关于这方面的详细解释，请参见粮农组织网站信息。

4 关于我国农业文化遗产的保护及试点的申报

我国自古就有保护自然的优良传统，并在长期的农业实践中积累了朴素而丰富的经验。几千年以来，中国古代哲学的整体性观念、“天人合一”学说、“相生相克”学说等在传统农业的发展中得到了充分体现和应用，并为现代生态农业的发展奠定了基础，成为国际可持续农业运动中的一个重要方面。数千年的农耕文化历史，加上不同地区自然与人文的巨大差异，形成了种类繁多、特色明显、经济与生态价值高度统一的农业文化遗产系统，如都江堰（原文误为“葛洲坝”——作者注）水利工程、坎儿井、砂石田、间作套种、淤地坝、桑基鱼塘、梯田耕作、农林复合、稻田养鱼等，在今天可持续农业发展和社会主义新农村建设中仍然具有十分重要的意义。但是，随着经济的发展和现代技术的应用，这些传统农业生产系统也面临着严峻的挑战。作为一个农业大国和农业古国，我们有责任、有义务积极参与农业文化遗产的保护，并在其中发挥重要作用。

但我们必须看到，农业文化遗产的保护并未真正引起我们的高度重视。截至2007年底，在我国被列入《世界遗产名录》中35项自然与文化遗产中仅有四川都江堰一项与农业有关；在我国2006年重新确定的35项世界文化遗产预备名单中，仅有浙江龙井茶园、广西灵渠、云南哈尼梯田、新疆坎儿井与农业有关，但按照每个国家一年只能申报一项文化遗产的规定，即使能被列入也还需要很长的时间；在我国公布的第一批518项非物质文化遗产中，只有二十四节气一项与农业有关。

粮农组织关于农业文化遗产项目的启动为我们保护农业文化遗产提供了良好的机遇。在农业部等有关部门的支持下，我们从一开始就介入了该项目，并成功地将青田县稻鱼共生系统申报为首批试点，多次举办学术研讨会，完成了《全球重要农业文化遗产保护项目国家实施框架》的编写，对青田试点开展了初步研究，在国内外产生了良好反响。我们完成的《全球重要农业文化遗产保护项目国家实施框架》受到了粮农组织官员的高度称赞，并作为范本向其他国家推荐。

关于全球重要农业文化遗产的申报问题，目前我们正在积极进行准备。今年（2007年）5月30日到6月6日，我们与粮农组织的官员和专家专程去贵州省从江县进行了考察，正积极争取将其列入青田稻鱼共生系统的协作点（associated site）（2011年贵州从江侗乡稻鱼鸭系统被正式认定为全球重要农业文化遗产保护试点——作者注）。除此之外，按照我们已经完成的《全球重要农业文化遗产保护项目国家实施框架》的规划，计划在项目执行期中，使我国的试点项目达到10个。为此，我们曾呼吁，在这里我们再次呼吁：重视对于农业文化遗产的保护，尽快制定国家农业文化遗产标准，尽快建立农业文化遗产清单。

关乎人类未来的农业文化遗产[①]

现代化为我们带来了很多便利，如快捷的交通、方便的生活方式等，然而这些快捷和便利的背后却是食物安全隐患、环境污染和生态破坏。往日的蓝天碧水和青青草原逐渐离我们远去，很多珍贵的传统知识和技术也逐渐消失在现代化的大潮中。如今，人们逐渐认识到保护这些传统的农业技术以及重要的生物资源和独具特色的农业景观的重要性。为此，2002 年联合国粮农组织发起了“全球重要农业文化遗产（GIAHS）”保护倡议，旨在建立全球重要农业文化遗产及其有关的景观、生物多样性、知识和文化保护体系，并在世界范围内得到认可与保护，使之成为可持续管理的基础。

1　和谐与平衡的遗产

按照粮农组织的定义，全球重要农业文化遗产是“农村与其所处环境长期协同进化和动态适应下所形成的独特的土地利用系统和农业景观，这种系统与景观具有丰富的生物多样性，而且可以满足当地社会经济与文化发展的需要，有利于促进区域可持续发展”。

世界上存在大量有待保护的农业文化遗产，主要分布在发展中国家。这些系统由于各种原因受到现代化的影响较小，基本保持了传统的特色。2005 年，粮农组织从全球近 50 个候选点中选出了 6 个进行试点保护。分别是秘鲁的安第斯山区农业、智利的岛屿农业、菲律宾的稻作梯田、阿尔及利亚和突尼斯的绿洲农业以及中国的稻鱼共生系统。按照粮农组织的计划，将在未来逐步建立包括 100~150 项农业文化遗产地在内的全球重要农业文化遗产保护网络。

位于我国浙江省青田县的传统稻鱼共生系统，作为首批“全球重要农业文化遗产”保护试点，已经在粮农组织和全球环境基金的支持下开始了动态保护与适

① 本文原刊于《生命世界》2009 年第 6 期 8–11 页。

应性管理的探索工作，制定了保护规划，开始了一系列保护行动。同时，贵州从江的稻鱼鸭系统、江西万年的稻作起源与贡米生产、云南红河的哈尼稻作梯田等也正在申请加入全球重要农业文化遗产保护试点的行列。按照《全球重要农业文化遗产保护项目中国实施框架》的规划，未来 5 年内要有至少 10 项不同类型的农业文化遗产列入全球重要农业文化遗产保护名录，并逐步建立国家级农业文化遗产的保护网络。

联合国粮农组织全球重要农业文化遗产项目的主要负责人曾经对农业文化遗产的内涵做过非常准确的描述："农业文化遗产与其他遗产类型不同的是，它主要体现的是人类长期的生产、生活与大自然所达成的一种和谐与平衡。它不仅是杰出的景观，对于保存具有全球重要意义的农业生物多样性、维持可恢复的生态系统和传承高价值的传统知识和文化活动也具有重要作用。与以往单纯层面的遗产相比，它更强调人与环境共荣共存、可持续发展。"

2　农业文化遗产与农业遗产

农业文化遗产和我们平时理解的农业遗产有着一定的区别。农业遗产的概念比较宽泛。我国著名农史学家石声汉先生曾经指出：我们从祖先继承下来的农业科学技术知识遗产，包括具体实物和技术方法两大部门。前者指的是可以由感官直接感知的东西，主要指农业遗产中的生产手段，包括生产上所需要的各种物质资料。它分三个部分：生物、农具和农业生产技术设施所留下的"基本建设"。后者指的是在一定条件下，使用一定的生产手段，把从生产实践中得到的认识，用语言乃至文字加以总结整理，成为理性知识，是可以传授的。大致有两个方面：一是直接用于农业生产的栽培饲养技术方法，二是农村生活所必需的各种家庭副业方面的技术方法。因此，在农业考古与农史研究中占有重要地位的古农具、古农书、古农谚等，都属于农业遗产的范畴，但并未进入目前特指的全球重要农业文化遗产的范畴，至少目前还未纳入其中。目前我们所说的"农业文化遗产"只是"农业遗产"的一部分，而且更强调对生物多样性保护具有重要意义的农业系统或景观。

另外，农业文化遗产与我们目前所熟悉的世界遗产中的文化景观有所类似，因为其都强调自然与人类的协同进化和对生物多样性的保护。但农业文化遗产更像是文化景观的一部分，是关注农业的文化景观。联合国粮农组织"全球重要农业文化遗产"项目之所以将这一概念独立出来，是由于现代化和工业化的冲击，大量珍贵的传统农业系统正面临消失的威胁，而世界遗产每年的申报数量有限，很难实现对这些传统农业系统的及时保护。目前，世界遗产名录中与农业有关的项目很少，这对于数量巨大的全球传统农业系统来讲，保护力度非常小。

3 复合遗产

农业文化遗产具有复合性、活态性和战略性的特点。农业文化遗产是一种复合遗产，它综合了自然遗产、文化遗产和非物质文化遗产的特点，重点强调对人类未来生存和发展具有重要意义的传统农业系统，具有复合性和系统性。农业文化遗产是一种“活态的”遗产，系统中的人是非常重要的组成部分。因此，必须考虑到系统中农民有不断发展的需要，他们要提高生活水平，改善生活质量，不能因为农业文化遗产的保护而剥夺了他们发展的权利。另外，农业文化遗产是关乎人类未来的遗产。我们保护农业文化遗产，不是仅仅为了保护过去的传统，更重要的目的在于保护人类未来生存和发展的机会。从这个意义上来讲，农业文化遗产是一种战略性遗产，是人类未来的重要财富。

农业文化遗产是活态的、有人参与其中的遗产系统，而且是随社会的发展而不断变化的特殊遗产类型，因此不能像保护一般的自然和文化遗产那样采用较为封闭的方式，而必须采取一种动态的保护方式。不仅要保护遗产的各个关键要素，而且更要保护遗产各要素发展的过程，同时还要对遗产的各个组成要素实行适应性管理，结合不同遗产地的自然和文化特征，采取最适合该地区的保护方式，即所谓“动态保护”与“适应性管理”。当然，最重要的还是要保证农业文化遗产地的可持续发展，只有通过动态保护和适应性管理，建立农业文化遗产地的自我维持和持续发展机制，才能更好地实现农业文化遗产的保护和农业文化遗产地的可持续发展。

农业文化遗产与农业类文化景观遗产比较研究①

截至2015年底，全球已有15个国家的36项传统农业系统列入全球重要农业文化遗产（GIAHS）名录，更多的国家正在积极申请中。中国、韩国等国家还开展了国家级重要农业文化遗产（NIAHS）的发掘和认定工作，中国农业部发布了《重要农业文化遗产管理办法》、2016年“中央一号文件”提出“开展农业文化遗产普查和保护”，日本将农业文化遗产保护工作列入五年发展规划。GIAHS的概念和保护理念正得到越来越多的认可。

但还必须看到，目前对于农业文化遗产的认识还存在着一些误区，其中一个重要方面就是认为GIAHS保护工作与联合国教科文组织（UNESCO）世界文化遗产中的文化景观保护工作有较多相似，这十分不利于农业文化遗产发掘与保护工作的健康发展。产生这样的误解的一个客观原因是，文化景观类遗产中，有不少是农业类文化景观，比如菲律宾的科迪勒拉山的稻作梯田、瑞典奥兰南部农业景观等，而且菲律宾的稻作梯田和中国云南省的红河哈尼梯田更是同时享有世界文化遗产和全球重要农业文化遗产两项荣誉。本文在梳理有关文献的基础上，结合两类遗产的现状，从产生背景、概念、评选标准、保护思路等四个方面分析GIAHS与农业类文化景观之间的区别，以凸显农业文化遗产发掘与保护工作的意义，提升人们对农业文化遗产保护重要性的认识。

1　背景比较

文化景观作为一种新的遗产类型是1992年12月在美国圣菲召开的UNESCO世界遗产委员会第16届会议时提出并纳入《世界遗产名录》中的，与自然遗产、文化遗产、自然与文化复合遗产并存的一种新的遗产类别（也是专家认为文化景

① 本文作者为闵庆文、张永勋，原刊于《中国农业大学学报（社会科学版）》2016年33卷2期119–126页。有删减。

观仍属于文化遗产——作者注），文化景观强调人类与自然相互作用和具有人类历史演进过程的地理区域性。根据《世界遗产公约》的定义，自然遗产强调没有人类影响下的，按照自然界规律形成的生物生境、地质和自然地理结构、天然名胜和自然区域；文化遗产强调由人类创造的建筑物、文物和遗址等；自然与文化复合遗产则简单地被定义为既符合自然遗产特征又符合文化遗产特征的遗产。显然，自然遗产强调纯粹的自然作用，而文化遗产则强调人类的创造。复合遗产的提出在一定程度上填补了非自然即文化这一分类下存在的某些兼具两者特征的遗产的分类空白，但是仍然未考虑到两者之间的有机关系，所以，后来提出了“文化景观”类遗产，是对遗产分类体系的补充和完善。

GIAHS 是 2002 年联合国粮农组织（FAO）联合有关国际组织和国家发起的一个新的计划，其目的是保护具有全球重要性且受到威胁的传统农业生产系统。GIAHS 保护项目关注的是农业系统，强调在特殊环境下人类与自然环境相互适应与共同进化，通过高度适应的社会与文化实践和机制对农业进行管理，特别强调农业系统为当地提供食物与生计安全，以及社会、文化和生态系统服务的多功能性和效用。显然，农业文化遗产关注的核心是传统农业系统的功能和可持续的内在机理。

农业文化遗产与世界遗产的发起有着相似的背景，皆是因社会经济发展导致许多有价值的遗产遭遇到消失危险的背景下提出来的。世界遗产是在科技革命的推动下，世界经济快速发展，人类对资源的大量攫取，导致环境污染、生态失衡、某些资源枯竭、文物遭到破坏等背景下，联合国教科文组织发起了《保护世界文化与自然遗产公约》。同样地，GIAHS 是在现代技术广泛使用造成农业环境污染和生态破坏，城市化导致大量人口离开农村，传统的农业系统遭受遗弃的背景下发起的。

农业文化遗产虽然与文化景观中的农业类文化景观有一定的相似性，但是农业文化遗产与世界遗产发起的目的和意义不同。作为世界遗产的一个类别，文化景观遗产发起的目的是保护那些极易可能被破坏的人类与自然共同创造的、具有普遍价值的以物质或非物质形态的存在物，同时唤醒人们保护珍贵的自然与文化遗产的意识，其主要偏重于景观的保存和延续，即致力于使其继续地保存下去。而 GIAHS 保护的目的不仅仅是让那些传统的、可持续的农业系统较好地保存下来，而是让这些农业系统能够适应当前的社会经济发展的需要，通过发挥其应有的功能自己“活”下来，更重要的是要从这些传统的农业文化遗产中获得可持续的农业生产经验和科学原理，为现代和未来的农业可持续发展服务，并能够向其他地方推广。简单说，农业类文化景观关注的是让其完整保存下去，而农业文化遗产关注的是让其很好地活下去。

2　概念比较

按照 UNESCO 的定义，文化景观属于文化遗产，代表着“自然与人的共同作品”。它们反映了因物质条件的限制和/或自然环境带来的机遇，在一系列社会、经济和文化因素的内外作用下，人类社会和定居地的历史沿革。文化景观被分为由人类有意设计和建筑的景观、有机进化的景观、关联性文化景观三个类型。而农业类文化景观属于有机进化景观中的“持续性景观”，即在当地与传统生活方式相联系的社会中，保持一种积极的社会作用，而且其自身演变过程仍在进行之中，同时又展示了历史上其演变发展的物证。

FAO 给出的 GIAHS 的定义为，“农村与其所处环境长期协同进化和动态适应下所形成的独特的土地利用系统和农业景观，这种系统与景观具有丰富的生物多样性，而且可以满足当地社会经济与文化发展的需要，有利于促进区域可持续发展。”

从概念上看，文化景观定义没有太多的描述和界定，只概括地说出文化景观是自然和人类相互作用的结果，并能体现人类社会和其生存的环境相互作用的演变过程。就农业类文化景观而言，其强调了农业类文化景观与传统生活的关联性、处于演变过程中且有积极的社会作用。GIAHS 的定义描述的相对详细，首先指出了 GIAHS 是一种土地利用系统和景观，然后较详细指明这种系统和景观应具有丰富的生物多样性、具有社会经济和文化功能，而且对区域的可持续发展有积极的作用。

对比其概念与内涵可以发现，农业类文化景观与 GIAHS 的共性在于，两者都关注景观结构特征和景观形成的内在机理，同时也指出保护对象的动态性和对社会的积极作用；不同点在于，文化景观注重的是追溯保护对象的发展演化过程，而农业文化遗产除关注过去，还关心现在的状态和未来的发展。文化景观的目标是使保护对象较好地保存和延续下去，但并未指出如何延续下去；GIAHS 的定义则指出了 GIAHS 能满足现实的需要，是一种有生命力的生存下去。文化景观是从人与自然的角度关注二者的相互作用，而 GIAHS 除关注人类与自然协同作用形成的土地利用方式和景观外，还强调了其在农业和生态方面的多功能性。

文化景观是一个从过去发展到现在，且可能还在演化的一个“产品”，没有强调其当前的效用和价值；而 GIAHS 定义则特别强调其效用，以及当前与未来对当地和其他地区的价值。

3 评选标准比较

根据 UNESCO 世界遗产评选标准，入选文化景观的农业系统，必须具备世界遗产评选标准的第三条（Ⅲ）、第五条（Ⅴ）、第六条（Ⅵ）中的至少一条，（委员会认为第六条最好与其他标准一起使用），同时候选对象还要具备真实性和完整性。而被 FAO 认定为 GIAHS 必须具备五个基本条件，即食物与生计安全，生物多样性和生态功能，传统知识与适应性技术，农业相关的文化、价值体系和相关的社会组织，杰出的景观和水土资源管理特征，同时还要具有全球重要性。

从评选标准看，农业类文化景观和 GIAHS 都要求，入选者必须是仍然存在的事物，是一个比较完整的系统且真实可靠，在同类事物中具有典型性，且具有在全球范围的重要性，同时还具有濒危性。不同之处是，前者的评选标准较详细地描述了多个类型的多条标准，并指出满足其中一个要求即可，每条标准主要从其特征入手进行描述，而后者没有对申报对象进行分类规定，只给出五个约束条件，每个候选点必须同时符合五个条件才能入选，这五个条件主要针对系统的多功能性及维护这些功能的因素。另外，前者特别指出入选者要具有真实性和完整性，后者强调入选者必须要具有全球重要性。

以 1995 年被以菲律宾科迪勒拉山稻作梯田名义列入世界文化遗产、2005 年被以菲律宾伊富高稻作梯田之名列入全球重要农业文化遗产保护试点（两者的保护核心区域有部分重叠）为例。其符合世界遗产评选标准（Ⅲ），即科迪勒拉山区稻作梯田是一个典型的社区持续的稻作生产系统例证，从山顶的森林获得水源，通过建造石砌梯田和水塘蓄水种稻，是一个已经存在了 2 000 年的系统；也符合评选标准（Ⅴ），即稻作梯田是土地科学利用的杰出范例，具有高度美学价值的高坡度梯田景观，它的形成归因于人与自然的和谐互动，现在对社会和经济的变化非常敏感。而其完整性主要表现在：系统包括稻作梯田、传统村落和森林在内的所有重要组分，在 5 个遗产片区中都可看到；列入遗产的梯田片区仍然在用传统方式进行维护；20 世纪 50 年代，基督教进入部分村庄影响了当地人与自然平衡的传统习俗和活动，但现在传统活动与基督教相互共存。其“真实性”表现在：在形式、特点和功能上是真实的；伊富高人通过传统仪式，吟唱和标识等文化维护了传统梯田管理体系，确保了原始的景观工程和传统的稻作农业的真实性；演化过程中，不断地调整和适应梯田所有者或当地居民在应对气候、社会、政治和经济状况等变化时的文化响应。

而作为 GIAHS，FAO 关心的重点则有所不同：持续了 2 000 年的杰出的有机水稻种植农业系统，依靠智慧最大限度使用山区土地，今天仍然具有食物生产的效力；依靠本土知识管理体系，通过集体努力和传统部落的实践，维护了森林—梯田—村落的农业系统，并使农民能在海拔 1 000 米以上的地区种植水稻；拥有超过 264 种的传统作物品种；梯田生产保护了重要的农业生物多样性和相关景观。

同样，对于同样具有世界文化遗产和 GIAHS 双重身份的云南红河哈尼稻作梯田系统，其被列入世界遗产名录也是因为符合评选标准（Ⅲ）（红河哈尼梯田完美地反映出一个精密复杂的农业、林业和水分配体系，该体系通过长期以来形成的独特社会经济宗教体系而得以加强）和评选标准（Ⅴ）（哈尼梯田彰显出同环境互动的一种重要方式，通过一体化耕作和水管理体系之间的调和得以实现，其基石是重视人与神灵以及个人与社区相互关系的社会经济宗教体系，资料显示，该体系已经存在了至少 1 000 年）。遗产地面积广大，分布区内可欣赏到森林、水系、村寨和梯田等整个景观；主要的特征没受到破坏，传统耕作体系至今仍在发挥其作用；缓冲区保护了分水岭和视觉环境，有足够空间进行协调一致的社会和经济发展，是其完整性的表现。梯田遗产保存了遗产元素的传统形式，延续了遗产地的功能、实践和传统知识，沿用了仪式，信仰和风俗；据《蛮书》记载，哈尼族于唐朝武周时期（685-704AD）即开始耕种梯田，表明了其具有真实性。

红河哈尼稻作梯田系统作为 GIAHS，FAO 所关心的是：哈尼梯田拥有 1 300 多年的历史，是哈尼族、彝族等少数民族人民的杰作，是由森林—梯田—村落—水系组成的四素同构的农业生态景观系统；哈尼人的本土农业技术、居住地的选址、传统习俗表现了人与自然的和谐关系，维护了农业生产系统的稳定；哈尼梯田拥有丰富的生物多样性和农业生物多样性，仅地方水稻品种就有上百种，其相关的生物多样性及农耕方式也是丰富多样，还有水土保持、环境净化、气候调节等生态功能；为人类提供多种食物，为人类提供了生计保障。

4 保护思路比较

遗产申报一旦成功后，更重要的任务就是如何有效地保护与管理。GIAHS和农业类文化景观一样，都明确提出了对成功获批的遗产地的保护要求，并且指出了具体的保护实施措施和指导方式。《世界遗产公约指南》对文化景观的保护与管理有较为详细的叙述，指出文化景观须制定立法、规范和契约性的保护措施、确保有效保护的边界、设立恰当的缓冲区、建立有文可依的管理体制或制定较为完善的管理规划、通过对文化景观的可持续利用和多方参与推动保护、保护不力的遗产纳入濒危遗产名录或从世界遗产名录中除名。

GIAHS动态保护目前还没有给出明确的保护与管理条例，但是给出了动态保护的一般原则，即，为了保证当地人民的生计和福祉，允许农民进一步改进这些传承下来的系统和生物多样性；支持通过保护性管理政策和激励措施，促进生物多样性和传统知识的原地保护；承认当地社区和居民享有的食物、文化多样性和成就的权益；明确遗传资源的原地保护和相关传统知识与地方自然资源管理体制相结合等保护途径的必要性，通过强化社会—环境系统的恢复能力和农业系统的动态平衡，以确保不断适应自然与社会经济条件的变化。在保护与管理实践中，各遗产地通过编制保护规划，划定保护范围、制定政策法规、申请保护项目、成立专门的管理机构或部门、定期进行监测与评估、通过资源利用促进遗产保护等措施加强遗产的系统保护和管理。

由于GIAHS的发展时间相对比较短，目前还没有建立起像世界遗产那样细致的保护和监测评估制度，但思路基本一致，皆是遗产申报成功后，划定保护范围，制定保护与管理规划及相关法规，定期对遗产地进行监测，对于保护不力的遗产进行警告或除名。此外，在保护理念上也有一定的共同特点，例如，都强调多方参与及参与者的能力建设、通过推广宣传提高人们保护意识、通过可持续利用促进保护等方面的重要性。

但是，在保护理念上，二者还是存在一定的差别的。世界遗产的“真实性原则”和“完整性原则”要求文化景观的保护要维护其“原真性”，其保护理念是尽量保证其不发生变化的“标本式”的保护，即使是利用也是以遗产不变为前提的。GIAHS的保护则不同，其保护的基本原则是“动态保护”和“适应性管理”，更注重遗产系统的使用价值（对人类生计的贡献）和人类与自然相互作用的动态演变过程，尊重作为农业生产系统的农业文化遗产随人类科技进步而不断演进，鼓励多用途开发，但是必须保证其可持续的内在机制不被破坏。因此，前者强调静态，后者强调动态和适应性。

5 农业文化遗产的价值与意义

从以上的比较可以看出，农业文化遗产和农业类文化景观是关注焦点不同的两种遗产类型，二者虽有共同关注的地方，但是两者保护的目的和意义差别很大。可以说，农业文化遗产本质上是不同于世界遗产中的农业类文化景观的。农业文化遗产始终关注的焦点是遗产系统可持续的内生机制和稳定性，及其对人类社会未来可持续发展是否有积极的意义。总而言之，其至少具有以下五个不同于农业类文化景观的现实作用和意义：

一是农业文化遗产保护对促进地方经济的发展有重要作用。食物生产功能和农民的生计保障是农业文化遗产非常关心的问题，农业文化遗产保护的首先是具有生产能力、能够适应社会需求的农业生产系统。农业文化遗产的保护是动态的保护，在不破坏农业文化遗产系统核心特征的前提下，可以创新产业方式，提高经济效益。

二是农业文化遗产保护对地区食物安全保障具有重要作用。农业文化遗产地往往交通闭塞，农民仍过着自给自足的小农生活。农业文化遗产保护可以维持当地耕地的持续种植，保证当地农民食物和多种营养的自给自足，减轻地区或国家食物安全的压力。

三是农业文化遗产是可持续农业发展的思想宝库。农业文化遗产是被实践证明了的可持续的生态农业模式，其许多农业技术和生态智慧，可以应用于现代农业，通过与现代科技结合，形成一系列新的高效可持续农业模式。

四是农业文化遗产保护推动生物多样性和生态环境保护。现代农业品种单一化、生产规模化的趋势以及化学农药的大量使用，造成许多传统作物品种灭绝和农业环境的污染，农业文化遗产保护对全球农作物基因库维护和农业生态环境保护起到积极的作用。

五是农业文化遗产保护对以小农经营为主要特征的农村地区未来发展具有示范作用。全球山区耕地面积广大且人口众多，走规模化农业生产不现实，农村地区仍将是重要的居住区小农经营仍将占有相当比重，建设新型农村社区将是农村未来之路，农业文化遗产的社会、文化系统将对新时期的乡村建设具有重要借鉴作用。

总之，农业文化遗产不同于农业类文化景观，世界遗产也无法包含农业文化遗产。农业文化遗产的发掘与保护对人类生存智慧的传承、当前人口与资源环境问题的解决以及未来人类的可持续发展均具有重大意义，是时代的需要，是寻找人类可持续发展之路的要求。

全球重要农业文化遗产项目及其执行情况[①]

全球重要农业文化遗产（Globally Important Agricultural Heritage Systems，GIAHS）是联合国粮农组织（FAO）在全球环境基金（GEF）支持下，联合有关国际组织和国家，于2002年发起的一个大型项目，旨在建立全球重要农业文化遗产及其有关的景观、生物多样性、知识和文化保护体系，并在世界范围内得到认可与保护，使之成为可持续管理的基础。该项目将努力促进地区和全球范围内对当地农民和少数民族关于自然和环境的传统知识和管理经验的更好认识，并运用这些知识和经验来应对当代发展所面临的挑战，特别是促进可持续农业的振兴和农村发展目标的实现。

按照项目设计，将在世界范围内陆续选择符合条件的传统农业系统进行动态保护与适应性管理的示范。一般而言，这些农业生产系统是农、林、牧、渔相结合的复合系统，是植物、动物、人类与景观在特殊环境下共同适应与共同进化的系统，是通过高度适应的社会与文化实践和机制进行管理的系统，是能够为当地提供食物与生计安全和社会、文化、生态系统服务的系统，是在地区、国家和国际水平上具有重要意义的系统，同时也是目前快速经济发展过程中面临着威胁的系统。

2005年，粮农组织在6个国家选择了5个不同类型的传统农业系统作为首批保护试点，至今（2013年1月）被列为保护试点的共有25个，分布在11个国家。分别是：秘鲁的安第斯高原农业系统，智利的智鲁岛屿农业系统，菲律宾的伊富高稻作梯田系统，阿尔及利亚、突尼斯、摩洛哥的绿洲农业系统，坦桑尼亚的草原游牧系统和农林复合系统，肯尼亚的草原游牧系统，日本的能登半岛山地与沿海乡村景观、佐渡岛稻田—朱鹮共生系统、静冈县传统茶—草复合系统、大分县国东半岛林—农—渔复合系统、熊本县阿苏可持续草地农业系统，印度的藏红花种植系统、科拉普特传统农业系统、喀拉拉邦库塔纳德海平面下农耕文

① 本文原刊于《农民日报》2013年1月25日第4版。

化系统，中国的浙江青田稻鱼共生系统、云南红河哈尼稻作梯田系统、江西万年稻作文化系统、贵州从江侗乡稻鱼鸭系统、云南普洱古茶园与茶文化系统、内蒙古敖汉旱作农业系统、浙江绍兴会稽山古香榧群、河北宣化城市传统葡萄园。

从国际上看，通过研究与试点，已经在农业文化遗产价值挖掘、保护与利用途径探索、保护理念与经验推广、遗产地文化自觉和产业发展等方面开展了大量工作，全球重要农业文化遗产作为一种新的世界遗产类型已经得到了国际社会的广泛认可。在粮农组织的财委会、农委会和理事会上，都将推进全球重要农业文化遗产保护写入会议文件中，并将作为一项重要工作进行推进。

中国是最早响应并积极参与全球重要农业文化遗产项目的国家之一，并在项目执行中发挥了重要作用。2005 年浙江青田稻鱼共生系统成为首批保护试点。之后，农业部国际合作司和中国科学院地理科学与资源研究所合作，加强了农业文化遗产保护的宣传工作，编制完成了《全球重要农业文化遗产保护项目中国实施框架》和试点保护与发展规划，通过举办学术研讨会和论坛、培训等多种形式，指导试点地区进行项目实施发展，产生了良好的社会效益、生态效益和经济效益，得到了粮农组织的高度赞赏，也为其他试点国家提供了经验。2012 年 10 月 2 日，农业部部长韩长赋在会见来访的联合国粮农组织总干事达席尔瓦先生一行时，将加强“全球重要农业文化遗产”合作作为重要建议，写入《合作备忘录》中。

特别是在试点示范与推广方面，通过开展培训、生产标准化、市场开拓、种植养殖技术与产品加工服务、示范户带动、基础条件改善、科学研究、媒体宣传等多种途径，提高了干部和群众对于农业文化遗产及其保护重要性的认识，保护了农业生物多样性与传统稻鱼文化，提高了农民收入，扩大了国内外的知名度，带动了休闲农业和乡村旅游的发展。与此同时，许多地区积极参与农业文化遗产保护行动，积极开展申报工作。陕西佳县古枣园、福建福州茉莉花与茶文化系统、江苏兴化垛田传统农业系统等的申报工作也在积极推进之中（这些项目均于 2014 年获得联合国粮农组织正式批准——作者注）。农业部于 2012 年启动“中国重要农业文化遗产”发掘与保护工作，并于 2013 年发布首批 19 个中国重要农业文化遗产（截至 2019 年 3 月，共分 4 批发布 91 个项目，详见附 2——作者注），使我国成为世界上第一个开展国家级农业文化遗产评选与保护的国家。政府主导、多方参与、分级管理的农业文化遗产管理体制将很快建立起来。

2014—2015年：农业文化遗产发掘与保护的关键时期[①]

2014—2015年，对于农业文化遗产保护工作是具有历史意义的两年，因为可作“里程碑”的事件很多。国际如此，国内亦如此。

先看国际。由联合国粮农组织（FAO）牵头、多国参加、为期5年多（2009—2014）的全球环境基金（GEF）项目“全球重要农业文化遗产（GIAHS）动态保护与适应性管理”，全面完成了项目设定的目标；在北京召开的亚太经合组织第三届农业与粮食部长会议于2014年9月通过了《亚太经合组织粮食安全北京宣言》，强调要“加大各经济体农业文化遗产的保护力度，支持联合国粮农组织在全球重要农业文化遗产方面所做的努力”；“东亚地区农业文化遗产学术研讨会”第一届和第二届分别于2014年4月和2015年6月在中国江苏兴化和日本新潟佐渡举办；联合国粮农组织和中国农业部联合主办的“全球重要农业文化遗产高级别培训班”第一期和第二期分别于2014年9月和2015年9月在北京和有关遗产地举行，分别有13个和25个国家的代表参加；中国政府和联合国粮农组织《全球重要农业文化遗产保护协议》签字仪式于2015年1月在罗马举行；2015年6月在罗马召开的联合国粮农组织第39届大会上，明确将“全球重要农业文化遗产”列入常规工作，农业文化遗产自此有了“合法身份”；2015年5—10月在米兰举办的“第42届世界博览会”主题为“滋养地球、生命的能源”，众多国际组织和国家设置了农业文化遗产专题展，中国馆则以“希望的田野、生命的源泉”为主题，展示了中国的农耕文明、农业文化与传统美食，来自农业文化遗产地的歌舞表演、特色农产品和美食成为亮丽的风景。

再看国内。农业部第一届全球和中国重要农业文化遗产专家委员会分别于

① 本文为《重要农业文化遗产赋》（中国农学会农业文化遗产分会、北京市海淀区京西稻文化研究会主编，中央文献出版社，2015）一书所作的“序”，标题为新加。

2014 年 1 月和 3 月成立；农业部第一次和第二次“全球重要农业文化遗产（中国）工作交流会”分别于 2014 年 4 月、2015 年 3 月在江苏兴化、福建福州召开；全国政协文史委《关于切实保护和利用好我国农业文化遗产的建议》和中国工程院农业学部《关于加强我国农业文化遗产研究与保护工作的建议》分别于 2014 年 5 月和 12 月得到党和国家领导人批示；农业部“中国重要农业文化遗产”发掘工作进展顺利，继 2013 年发布第一批 19 项之后，2014 年 6 月发布第二批 20 项，第三批 23 项已通过专家评审，不久将正式发布；农业部主办的“第十二届中国国际农产品交易会”于 2014 年 10 月在青岛举办，全球重要农业文化遗产成为一大亮点；浙江青田农民金岳品因其在农业文化遗产保护方面的贡献，于 2014 年 10 月荣获联合国粮农组织“亚太地区模范农民”荣誉；中国农学会农业文化遗产分会于 2014 年 11 月成立并召开第一次学术研讨会；国务院办公厅于 2015 年 7 月 30 日以国办发【2015】59 号文形式发布《关于加快转变农业发展方式的意见》强调“保持传统乡村风貌，传承农耕文化，加强重要农业文化遗产发掘和保护，扶持建设一批具有历史、地域、民族特点的特色景观旅游村镇。提升休闲农业与乡村旅游示范创建水平，加大美丽乡村推介力度。”《重要农业文化遗产管理办法》于 2015 年 7 月 30 日获得农业部常务会议通过，并于 8 月 28 日正式发布实施。

显然，从国际层面看，重要农业文化遗产的价值及保护理念正逐步得到认可，农业文化遗产保护与发展正在并将继续为农业可持续发展和农村复兴发挥重要作用。而从国内看，重要农业文化遗产保护已经成为农业国际合作的一项特色工作，成为促进农村生态文明建设、美丽乡村建设、农业可持续发展与农民就业增收的一个重要抓手，遗产地居民的文化自觉性与保护积极性显著增强，一支多学科、综合性的研究队伍初步形成，农业文化遗产保护的政策与机制日趋完善。

但毋庸讳言，尽管国内外从农业历史、农业考古、农业生态、农业经济、农业民俗等不同角度，对农业文化遗产进行研究已有较长时间的历史，但对具有重要历史与现实意义、蕴含丰富的经济、生态、社会价值的传统农业系统进行研究与保护利用，则始自 2002 年联合国粮农组织发起的“全球重要农业文化遗产”保护工作。

2002 年，在被称为“里约 +10”的联合国环境与发展大会（2002 年 9 月 2~11 日在南非约翰内斯堡召开）上，联合国粮农组织倡导保护“全球重要农业文化遗产”（Globally Important Ingenious Agricultural Heritage Systems，后改为

Globally Important Agricultural Heritage Systems，简称 GIAHS），旨在建立全球重要农业文化遗产及其有关的景观、生物多样性、知识和文化保护体系，并在世界范围内得到认可与保护，为农业与农村的可持续发展提供技术支撑。并给出了 GIAHS 的定义：农村与其所处环境长期协同进化和动态适应下所形成的独特的土地利用系统和农业景观，这种系统与景观具有丰富的生物多样性，而且可以满足当地社会经济与文化发展的需要，有利于促进区域可持续发展。

2004—2005 年，陆续选择了中国、智利、秘鲁、菲律宾、阿尔及利亚、突尼斯等地的传统农业系统作为首批 GIAHS 保护试点。2008 年，FAO 牵头、多国参加、为期 5 年的 GEF 项目得到批准，并于 2009 年开始正式实施。正是这个项目的实施，使得国际社会开始关注农业文化遗产及其保护工作。截至 2015 年初，已从最初的 6 个国家的 6 个项目点（系统）增加到 15 个国家的 32 个项目点（系统）。

也正是这个项目的实施，使得农业文化遗产及其保护工作在我国得以发展起来。作为最早响应并积极参与 GIAHS 项目的国家，10 年来，农业部国际合作司和中国科学院地理科学与资源研究所通力合作，在有关地方政府和有关学科专家的支持下，我们获得了多项“第一”：成功推荐 11 个项目入选 GIAHS 名单（截至 2019 年初共有 15 个项目，详见附 1——作者注），数量居世界各国之首；2012 年农业部启动了“中国重要农业文化遗产”（China Nationally Important Agricultural Heritage Systems，China-NIAHS）的发掘保护工作，使我国成为世界上第一个开展国家级农业文化遗产发掘与保护的国家；2014 年 1 月，我国成为第一个建立“农业文化遗产专家委员会”的国家；2014 年 9 月，农业部与联合国粮农组织合作举办了第一个“全球重要农业文化遗产高级别培训班”；2015 年 8 月，我国颁布了世界上第一个《重要农业文化遗产管理办法》；李文华院士于 2011 年 6 月当选为 GIAHS 项目指导委员会主席，成为该委员会第一任主席；闵庆文研究员于 2013 年 6 月获得“联合国粮农组织全球重要农业文化遗产特别贡献奖”，成为获此奖项第一人（截至目前也是唯一一人）；来自浙江青田的金岳品先生于 2014 年 10 月获得“联合国粮农组织亚太地区模范农民”，是目前唯一因农业文化遗产保护而获奖的农民。

农业文化遗产保护的重要性毋庸置疑。习近平总书记在中央农村工作会议上指出：“农耕文化是我国农业的宝贵财富，是中华文化的重要组成部分，不仅不能丢，而且要不断发扬光大。”韩长赋部长在农业部常务会议通过《重要农业文化遗产管理办法》时指出，我国是农业大国，也是农业文明古国，有着悠久灿烂的农耕文化，这不仅是中国文化的重要组成部分，更是我国农业的宝贵财富。要高度重视遗产保护工作，进一步加强重要农业文化遗产认定和保护，传承传统文化，拓展农业的多种功能，促进农业可持续发展，彰显农业大国的地位和影响力。要扎实做好农业文化遗产保护利用工作，选好一批农业文化遗产，加大保护力度，深入挖掘其中的丰富价值，推动休闲农业和乡村旅游发展，促进一二三产业融合，延伸农业的价值链、产业链，增加农民收入，提高农民文明素质。

但我们还应当清醒地看到，尽管我国是一个农业大国和农业古国而有着悠久灿烂的农业文明，尽管经过各界人士 10 多年的努力已经使“重要农业文化遗产”这一概念和“动态保护”的理念走向公众视野，尽管我们在理论研究、机制建设、保护实践等方面取得了显著成绩并在多个方面居于世界前列，但与世界自然遗产、文化遗产和非物质文化遗产等相比，人们对农业文化遗产还较为陌生。许多问题需要研究和探索，许多经验需要总结和分享，许多制度需要构建和完善，而我认为通过各种途径加大宣传也是当前面临的紧迫任务之一。用“最中国”的传统文学体式，来阐释最具国际影响力的中国重要农业文化遗产的内涵，无疑是弘扬、传承中国优秀传统文化和农业文化的一个创新；由中国农学会农业文化遗产分会和北京市海淀区京西稻研究会合作编辑的《重要农业文化遗产赋》则是这种“创新”的一次有益探索。

传承历史　守护未来[①]

——记联合国粮农组织—全球环境基金全球重要农业文化遗产项目（2009—2014）

1　项目背景

在过去的几十年里，人们高度关注农业生产能力、专业化水平和全球市场，而忽视了相关的农业外部性与适应性管理策略，忽视了对多种多样、独具特色的传统农业系统的研究、保护与发展。如果不采取有效措施帮助这些传统农业生产系统应对威胁，它们将难以避免消失于工业化、现代化和全球化浪潮中。全球重要农业文化遗产（Globally Important Agricultural Heritage Systems，GIAHS）项目的提出和实施适逢其时，引起了世界范围内对这一新的遗产类型的关注。

按照联合国粮农组织（FAO）的定义，全球重要农业文化遗产是"农村与其所处环境长期协同进化和动态适应下所形成的独特的土地利用系统和农业景观，这种系统与景观具有丰富的生物多样性，而且可以满足当地社会经济与文化发展的需要，有利于促进区域可持续发展"。农业文化遗产具有活态性、动态性、适应性、复合性、系统性、战略性、多功能性及可持续性等特点，对于应对人类发展中的一些重大问题，如食物安全与贫困、生物多样性、气候变化、生态退化、文化多样性等具有重要意义，是一个关乎人类未来的新的遗产类型。该项目更加强调对于全球重要农业文化遗产地的动态保护，即重视保护、适应与社会经济发展之间的平衡，其目的是使小型农户、传统社区、少数民族和当地居民能够动态地保护传统农业系统，并从保护中获得经济效益、社会效益和生态效益，从而促进人与自然的和谐发展。

---

① 本文作者为闵庆文、史媛媛、何露、孙业红，原刊于《世界农业》2014年6期215-218、221页。

中国有着上万年的农业文明，自古就有保护自然的优良传统，并在长期的农业实践中积累了朴素而丰富的经验。但随着经济快速发展、人口急速增加以及工业化与城镇化，使传统农业文化的传承出现断裂，发掘、保护、传承、利用农业文化遗产，具有十分重要的意义。

2 项目概况

FAO 于 2002 年世界可持续发展高峰论坛中提出“全球重要农业文化遗产”（GIAHS）概念和动态保护的理念。随后进行了“全球重要农业文化遗产保护与适应性管理”项目的准备工作。该项目的目标是“建立全球重要农业文化遗产及其有关的景观、生物多样性、知识和文化保护体系，并在世界范围内得到认可与保护，使之成为可持续管理的基础”。该项目将努力促进地区和全球范围内对当地农民和少数民族关于自然和环境的传统知识和管理经验的更好认识，并运用这些知识和经验来应对当代发展所面临的挑战，特别是促进可持续农业的振兴和农村发展目标的实现。

该项目的发展经历了 3 个阶段。

（1）2002—2004 年

为项目的准备阶段，确定了项目的基本框架与 GIAHS 试点选择标准；

（2）2005—2008 年

为项目的申请阶段，得到了联合国开发计划署、联合国教科文组织等国际组织及荷兰政府等的支持，确定了中国浙江青田稻鱼共生系统、阿尔及利亚埃尔韦德绿洲农业系统、突尼斯加法萨绿洲农业系统、智利智鲁岛屿农业系统、秘鲁安第斯高原农业系统和菲律宾伊富高稻作梯田系统等 6 个国家的 5 个传统农业系统为项目示范点，即第一批 GIAHS 保护试点，并于 2008 年获得了全球环境基金（GEF）理事会的批准；

（3）2009—2014 年

为 GIAHS 项目的实施阶段，建立了 GIAHS 项目指导委员会和科学委员会，完善了 GIAHS 遴选标准和程序，开展了农业文化遗产的多功能评估、保护与管理机制等方面研究，在首批试点地区开展了动态保护与可持续管理途径探索，通过各种方式进行了能力建设活动，将试点经验进行推广。

截至 2014 年年底，GIAHS 的概念和保护理念已经得到了国际社会和越来越多的国家的关注。FAO 已经将其写入理事会会议报告等重要文件中。2014 年在

FAO 章程及法律事务委员会第 97 届会议报告赋予了 GIAHS 在 FAO 组织框架内的正式地位，这标志着 GIAHS 将变成 FAO 的一项常规性工作。申请加入 GIAHS 项目的国家越来越多，FAO 认定的 GIAHS 项目点已经从 2005 年的 6 个扩大到 2014 年的 31 个，涉及国家从 6 个扩大到 13 个。

中国是最早响应并积极参与 GIAHS 项目的国家之一，在 GIAHS 项目秘书处、FAO 北京代表处，有关地方政府的积极配合、相关学科专家和遗产地民众的积极参与下，农业部国际合作司和中国科学院地理科学与资源研究所积极参与了项目准备、申请与实施工作。GIAHS 项目在中国的实施可以分为以下 3 个阶段。

（1）2004—2005 年

为项目的准备阶段。通过实地调查、组织研讨、培训等活动，完成了试点（中国浙江青田稻鱼共生系统）的基线调查、申报材料准备等工作，调动了遗产地干部和群众参与项目的积极性。

（2）2006—2008 年

为项目申请和初步探索阶段。根据 GIAHS 秘书处的要求，进一步完善中国试点的材料准备工作，明确了打造一个具有国际示范作用的 GIAHS 保护点、申报成功 10 个 GIAHS 保护试点、开展中国重要农业文化遗产（China-NIAHS）保护认定 20 个左右、开展农业文化遗产的系统研究促进农业文化遗产学科发展等的项目目标，并以青田稻鱼共生系统为基础初步探索了农业文化遗产保护与区域经济社会协调发展的途径。

（3）2009—2014 年

为项目实施阶段。2009 年 2 月在北京召开了“全球重要农业文化遗产保护中国项目启动会”，标志着 GIAHS 项目在中国的正式启动。随后按照项目计划，成立了项目专家委员会，重点在保护途径探索与试点经验推广、GIAHS 的选择与推荐、管理机制建设、科学研究与科学普及、公众宣传与能力建设、国际合作等方面全面开展了的工作，顺利完成了项目设定的目标，取得了极好的成效。

3 项目执行

GIAHS 中国试点项目的国家执行机构是农业部国际合作司，实施单位是中国科学院地理科学与资源研究所和浙江省青田县人民政府，GIAHS 中国项目办公室挂靠中国科学院地理科学与资源研究所自然与文化遗产研究中心。项目执行期间，围绕以下方面开展了大量工作。

（1）遗产挖掘

一是积极推进全球重要农业文化遗产申报工作。除浙江青田稻鱼共生系统外，云南红河哈尼稻作梯田系统和江西万年稻作文化系统于 2010 年 6 月、贵州从江侗乡稻鱼鸭系统于 2011 年 6 月、云南普洱古茶园与茶文化系统和内蒙古敖汉旗旱作农业系统于 2012 年 9 月、浙江绍兴会稽山古香榧群和河北宣化城市传统葡萄园于 2013 年 6 月、陕西佳县古枣园和福建福州茉莉花与茶文化系统、江苏兴化垛田传统农业系统于 2014 年 4 月，分别被 FAO 批准为 GIAHS 项目点，使中国的 GIAHS 项目达到 13 个（截至 2019 年 3 月为 15 个，详见附 1——作者注），位居世界各国之首。

二是积极推进中国重要农业文化遗产的发掘与保护工作。参考 FAO 关于 GIAHS 的遴选标准，并结合中国的实际情况，制定了中国重要农业文化遗产的遴选标准、申报程序、评选办法等文件，由农业部农产品加工局（乡镇企业局）具体负责，于 2012 年正式开展中国重要农业文化遗产发掘工作。第一批 19 个项目于 2013 年 5 月正式发布，第二批 20 个也已完成评审与公示（截至 2019 年 3 月，已经分 4 批发布了 91 项中国重要农业文化遗产，详见附 2——作者注），使中国成为世界上第一个开展国家级农业文化遗产评选与保护的国家。

（2）示范推广

一是示范点能力建设与保护发展探索。浙江省青田县人民政府与中国科学院地理科学与资源研究所、浙江大学、丽水学院等合作，先后编制了《青田稻鱼共生系统农业文化遗产保护与发展规划》和《稻鱼共生农业文化遗产博物园建设规划》，并付诸实施；通过培训和研讨，联系商家进行多方位市场开拓，组织农产品展览展销，培训种植养殖技术与产品加工服务，选取 GIAHS 示范户进行榜样带动，改善遗产地基础设施条件等多种途径，有效保护了遗产地农业生物多样性与传统文化；积极宣传 GIAHS 的保护经验，促进了遗产地农业可持续发展，提高了农户的文化自觉性和自豪感，改善了农村生态环境，带动了休闲农业与乡村旅游的发展，提高了农民收入与农村经济发展水平，产生了良好的生态效益、社会效益和经济效益。目前，青田先后接待了数十批来自国内外农业文化遗产地或候选地的代表参观学习，已经成为国内外农业文化遗产保护与发展最具影响力和示范作用的地方。

二是示范推广稻鱼共生生态农业技术。在总结传统技术并结合现代农业管理技术的基础上，编制了《青田稻鱼共生技术规范》，摄制《青田传统稻鱼共生技术》视频并制作光盘；通过组织技术培训等措施，将稻鱼共生技术推广到贵州省湄潭和从江、四川省汶川等地，并为当地农业经济发展发挥了重要作用；浙江省海洋渔业局发文在全省范围内大力推广稻鱼共生技术。

（3）制度建设

在试点层面上，青田县成立了由主管县领导担任组长的青田稻鱼共生系统保护工作领导小组与县农业局主要领导担任主任的办公室，负责统一协调农业文化遗产保护与管理工作；出台了《全球重要农业文化遗产青田稻鱼共生系统保护暂行办法》，作为农业文化遗产保护与管理的指导性文件；其他遗产地也参照进行，有些地方成立了专门的机构，如云南省红河州成立了世界遗产管理局，内蒙古敖汉旗成立了农业文化遗产管理中心。

在国家层面上，农业部国际合作司和农产品加工局编制了《中国全球重要农业文化遗产管理办法》和《中国重要农业文化遗产管理办法》已完成社会公开征求意见与公示（后统一为《重要农业文化遗产管理办法》，并于2015年8月正式由原农业部颁布——作者注）；先后发布了《中国重要农业文化遗产申报书编写导则》与《农业文化遗产保护与发展规划编写导则》，规范并有效指导农业文化遗产的申报与保护和发展工作；于2014年1月和3月分别成立了全球重要农业文化遗产专家委员会和中国重要农业文化遗产专家委员会，以提高农业文化遗产遴选、保护和利用管理的科学性。

（4）科学研究

中国科学院地理科学与资源研究所、中国农业博物馆、南京农业大学、华南农业大学、浙江大学、中国农业大学、中国艺术研究院等科研究机构和高等学校，围绕农业文化遗产的史实考证与历史演进、农业生物多样性与文化多样性特征、气候变化适应能力、生态系统服务功能与可持续性评估、动态保护途径以及体制与机制建设等方面开展了较为系统的研究；在“Journal of Resources and Ecology”《资源科学》《中国农史》《中国农业大学学报（社会科学版）》《中国生态农业学报》等学术期刊上开设“农业文化遗产专栏”；在“PANS”“Tourism Geography”“Frontier of Environmental Sciences”等期刊发表了百余篇中英文研究论文；出版了《农业文化遗产研究丛书》等专著、论文集20多部。

（5）科学普及

项目执行期间，先后在北京、浙江、云南、贵州、江西、河北、内蒙古自治区（以下简称内蒙古）、陕西等地组织了以农业文化遗产保护为主题的论坛与培训活动；成功组织了2010年中国农民艺术节和2012年中国农耕文化展期间的农业文化遗产保护与发展和全球重要农业文化遗产保护成果展，回良玉副总理、乌云其木格副委员长、张梅颖副主席、韩长赋部长等亲临参观；在北京、从江、红河、敖汉等地组织了农业文化遗产摄影展；GIAHS中国项目办公室与中央电视台农业频道“科技苑”栏目合作拍摄了《农业遗产的启示》大型专题片（9集），解读了中国全球重要农业文化遗产的科技秘密，获得国家广播电视总局一等奖和第三届新农村电视艺术节专题片最佳作品奖；在《农民日报》开辟了“全球重要农业文化遗产”专栏，连续刊发36篇文章；此外，项目办公室还建设了农业文化遗产网站，编辑印发了双月刊《农业文化遗产简报》。

4 项目成效

（1）打造品牌，拓宽农民增收渠道

农民是农业文化遗产保护的直接参与者，只有使农民直接受益，才能增加他们对农业文化遗产保护的积极性。农业文化遗产地经济相对落后，互利共生的生态作用使农业生态环境处于较好状态，加上独特的农作品种、传统的耕作方式和深厚的民族文化，为发展有机农业、开发生态产品和特色农产品提供了良好的基础。在GIAHS项目的带动下，青田稻米和田鱼的品牌知名度都有很大提升。“青田稻鱼共生系统”生产的稻米价格现在已明显高于普通米，普通米约每千克2.4元，而稻鱼共生系统中的稻米已卖到每千克17元左右，且供不应求；田鱼的价格较项目初期翻了一番，由原来的每千克16元增加到每千克30元左右。其他遗产地如云南省红河州、内蒙古自治区敖汉旗等农产品开发也取得了显著成效。

（2）促进国际合作，掌握国际话语权

中国是一个历史悠久的农业大国，传统的农耕文明是对世界文明的重要贡献，中国农业文化遗产保护的成功经验已成为其他国家学习的榜样。在2011年6月举办的“第三届全球重要农业文化遗产国际论坛”上，FAO官员称赞“中国是所有试点国家的榜样，中国的经验对于世界农业文化遗产保护和可持续农业发展具有重要示范作用”。

GIAHS项目搭建了一个极好的国际交流平台，也成为中国农业国际合作的一个特色领域。农业文化遗产被列为中国与联合国粮农组织6个重点合作领域之一，也成为中欧农业合作、亚太地区农业合作、南南合作等的重要内容。在

FAO 及其区域中心的有关农业文化遗产活动中，中国显示出重要甚至是主导角色。李文华院士连续当选为 FAO GIAHS 指导委员会主席，闵庆文研究员任科学委员会委员。2013 年，闵庆文研究员获得了“全球重要农业文化遗产特别贡献奖”，成为目前唯一获此殊荣的人。2013 年 10 月，东亚地区农业文化遗产研究会（ERAHS）正式成立，闵庆文研究员当选为第一届执行主席。

（3）促进学科发展，并初步建立了一支多学科专业队伍

在 GIAHS 项目的带动下，经过几年的发展，已经初步形成了以多学科、综合性为特征的农业文化遗产及其保护研究格局，形成了一支包括农业历史、农业生态、农业经济、农业政策、农业旅游、农业民俗以及民族学与人类学等领域专家在内的研究队伍。中国科学院地理科学与资源研究所、南京农业大学等设置了农业文化遗产的研究生培养方向，其他高校和科研单位有研究生以农业文化遗产地开展案例研究，至 2014 年年初已经培养农业文化遗产及其保护的硕士、博士研究生和博士后研究人员近 20 人。

（4）积极探索，初步建立了农业文化遗产管理机制与保护和发展的原则

农业文化遗产是历史时期创造的，但农业文化遗产及其保护研究是一个全新的课题。经过几年的实践探索和理论提升，初步建立了中国农业文化遗产管理机制及保护和发展的原则。农业文化遗产管理的机制是“政府主导、科学论证、分级管理、多方参与、惠益共享”。其中，“多方参与”是农业文化遗产管理机制中的重要内容，也是农业文化遗产保护能否成功的重要前提，具体包括“政府推动、科技驱动、企业带动、社区主动、社会联动”等基本内涵。根据农业文化遗产的内涵、特点和保护与发展要求，确定了农业文化遗产保护与发展的原则，即“保护优先、适度利用，整体保护、协调发展，动态保护、适应管理，活态保护、功能拓展，现地保护、示范推广”。

（5）GIAHS 逐步深入人心，全社会保护农业文化遗产的良好风气正在形成

在 GIAHS 项目的影响下，政府的号召、科学家的呼吁、媒体的宣传，特别是来自 GIAHS 保护试点的成功经验，使农业文化遗产的概念及保护的现实意义逐步被人们所认可。

国内外媒体对 GIAHS 项目及中国农业文化遗产保护给予了高度关注。日本 NHK 电视台拍摄的《稻米之路》，将万年选为拍摄场地；英国广播公司（BBC）与中国中央电视台联合拍摄的《锦绣中华》“Wild China”纪录片中，介绍了浙江青田稻鱼共生系统、云南红河哈尼稻作梯田系统的自然与文化景观，香港回归十周年之际，香港有线电视台拍摄了《鱼稻活丰年》的专题片，介绍浙江青田稻鱼共生系统、贵州从江侗乡稻鱼鸭系统和广西龙胜龙脊梯田的；香港《明报周刊》以《稻鱼共生》为题刊发封面文章，介绍青田稻鱼文化；《中国国家地理》《世界遗产》《中华遗产》《人与生物圈》《生命世界》《世界环境》《中国生态旅游》《森林与人类》等期刊组织封面或专题文章，《人民日报》"China Daily"《光明日报》《农民日报》《科技日报》《中国科学报》等刊发专题文章，阐述农业文化遗产保护的意义，介绍中国农业文化遗产保护的经验。

农业文化遗产保护与发展正迎来前所未有的良好机遇。2013 年年底陆续召开的中央城镇化工作会议和中央农村工作会议，特别是关于"农村是我国传统文明的发源地，乡土文化的根不能断，农村不能成为荒芜的农村、留守的农村、记忆中的故园"的科学论断，对于深入发掘农业文化遗产的内涵、深刻认识农业文化遗产的价值、促进农业文化遗产保护与管理的健康发展，无疑具有重要的指导作用。

中国的 GIAHS 事业：从艰难起步到蓬勃发展①

1 GIAHS 起步，历史选择了青田

早在中华人民共和国成立初期，就有组织地开展了农业历史的系统研究。在20 世纪 80 年代初期，发掘传统生态农业模式和技术引起了生态学家和农学家的高度关注，并为现代生态农业的发展发挥了重要作用。

记得 2003 年初春，我随我的导师、时任东亚地区生态学会联盟（EAFES）主席的李文华院士去日本参加工作会议。正在参与联合国粮农组织（FAO）全球重要农业文化遗产（GIAHS）项目有关文件起草的联合国大学（UNU）项目官员梁洛辉先生，对李院士在其学术报告中所谈到的中国生态农业发展和传统生态农业模式表示了浓厚的兴趣。后来，梁先生与我所（中国科学院地理科学与资源研究所）胡瑞法研究员合作，在农业部国际合作司的支持下，积极推荐中国的稻鱼共生系统（即稻田养鱼）作为 GIAHS 项目试点。

几乎是在同时，时任中国科学院院长的路甬祥院士当选为国际科学院联合会主席。会议期间，联合国教科文组织的专家提出，希望科学家们能为自然与文化遗产保护提供支持。回国后，路院长给时任地理资源所所长的刘纪远研究员写信，希望地理资源所能够组建一个自然与文化遗产研究小组，为文化和自然遗产的保护和发展开展多学科、综合性研究。由于李文华院士曾在国际组织任职而具有丰富的国际合作经验，加上在生态保护、资源管理和可持续发展等领域深厚的学术造诣，这一工作自然就落在了李院士身上。我是李院士的学生，毕业之后又一直在他的指导下从事生态农业及相关领域的研究，自然有机会第一时间就参与其中。

记得在筹备自然与文化遗产研究中心的时候，胡瑞法研究员介绍了 GIAHS 项目准备的进展情况。鉴于当时项目支持等各种原因，我们确定了“以农业文化

① 本文原刊于《世界遗产》2015 年 10 期 32–36 页。

遗产为突破口”的工作思路，并和农业部国际合作司共同努力，积极推进浙江省青田县作为GIAHS项目试点。经过近两年的紧张工作，联合国粮农组织终于同意将“浙江青田稻鱼共生系统”作为GIAHS项目申请的试验点和示范点，并于2005年6月在青田举行了“GIAHS保护试点”的授牌仪式。

自此，中国的GIAHS事业（严格地说，应是中国的重要农业文化遗产保护事业）在青田正式起步。

2 GIAHS初期，在渺茫的希望中坚持

2005年到2008年，是GIAHS项目的准备时期，也是在中国推广农业文化遗产概念的初期。那是一个困难重重的阶段，希望很渺茫，但我们依然在坚持。

首先是没有经验可资借鉴。自从20世纪80年代中期以后，随着中国加入《保护世界文化与自然遗产公约》和世界遗产的申请，人们对自然遗产、文化遗产开始了研究，但对于“活态的”农业文化遗产基本没有研究。国内没有一个农业类型的文化遗产（第一个农业类型的文化遗产是2013年申报成功的云南红河哈尼梯田），国外则不乏教训，例如，作为世界文化遗产的菲律宾梯田曾因为各种原因在保护中出现了一些问题，而被联合国教科文组织亮出了“黄牌”。因为农业文化遗产是传统的农业生产系统，不能采取一般的文化遗产或自然遗产的保护方法。记得在青田举行的研讨会上，当地官员询问是否有可资借鉴的成功经验时，来自粮农组织的官员非常明确地回答“No（没有）”。

其次是听到更多的是质疑的声音。事实上一直到今天，围绕“农业文化遗产”这一术语及其定义是否准确仍存在争议。有人认为农业文化遗产属于农业历史，没有什么新意；有人认为农业文化遗产属于“落后的”传统农业，保护农业文化遗产与发展现代农业、提高农民生活水平相矛盾；甚至有的专家认为农业文化遗产属于文化的范畴，不是研究自然科学的科学院的专家该干的事。面对诸多质疑，我们没有退缩。有争议，说明人们在关注；而对待争议最好的办法是避开争议，干好再说。

三是经费极为紧张。早期开展工作时，地方认同度还不高，联合国粮农组织没有多少经费支持，申请基金更是不可能。但我们认为这是一项有希望的事业，就到处化缘、到处游说，甚至借钱来支持。应当特别感谢青田县在那个阶段的支持，协调进行有关的基础调研，委托我们完成了有关规划。那点钱现在看起来很不起眼，但在当时可以说是“救命钱”。

四是人员极为缺乏。没有钱是很难找到人的，我们有的只是几位学生，而且大多数还是女生，经常出野外，去条件艰苦的山区，大家经历了许多的困难甚至是伤病。在浙江青田，一个学生被车门把手挤伤；在贵州从江，几个学生和一名专家出过车祸；因汽车抛锚而冒雨修车、盘山路多而晕车呕吐、住在农民家中遭受蚊虫叮咬，更是司空见惯。我们挺了过来，出色地完成了任务，我至今仍对那些同学心存愧疚和感激。我曾开玩笑说，“学生为了完成毕业论文，只好任由老师‘摆布’。”

当然，我们困难中的努力也得到了人们的认可。粮农组织就有位专家曾经说：“别人做的是项目，你们做的是事业。”

3 GIAHS 发展，有赖天时、地利、人和

2009 年项目正式启动以后，GIAHS 工作逐渐走出困境，并于 2011 年后迎来快速发展的“春天”。这有赖天时、地利、人和。

所谓“天时”，是我们在这期间遇到了千载难逢的机会。2010 年，农业展览馆举办了“首届农民艺术节”，“全球重要农业文化遗产”应邀作为相关展览内容，时任国务院副总理回良玉莅临参观；2011 年秋，以文化大发展、大繁荣为主要议题的中共十七届六中全会的召开及有关文件的发布，更是为农业文化遗产送来了“一股春风”。农业部国际合作司的领导开始关注农业文化遗产这个项目的成绩，并开始给予实质性的支持；农产品加工局决定启动“中国重要农业文化遗产”的发掘与保护工作，并委托我们编写标准和办法等规范性文件；2013 年春天在农展馆举办的“中华农耕文化展”中，“全球重要农业文化遗产保护成果”成为展览中的一大亮点，受到了有关领导和社会各界的关注。

所谓“地利”，是我们得到了来自地方的大力支持。越来越多的地方开始认识到农业文化遗产品牌的价值和保护的意义，特别是在促进包括休闲农业和乡村旅游在内的多功能农业发展中的作用。继浙江青田之后，云南红河州、江西万年县、贵州从江县、内蒙古敖汉旗、云南普洱市、浙江绍兴市、河北宣化区、陕西佳县、福建福州市、江苏兴化市等，纷纷提出申请全球重要农业文化遗产，并先后被列入 GIAHS 名录。应当特别感谢这些地方的领导，他们的颇有远见的决策是农业文化遗产事业得到快速发展的重要动力。

所谓“人和”，是我们得到了各方面人士的大力支持。在推动 GIAHS 的过程中，必然需要借助各方面的力量。除了前面所提到的农业部、地方政府的支持和一批年轻学生积极参与外，还由于李院士博大的胸怀和人格魅力，GIAHS 项目

吸引了一批志同道合的科研人员的积极参与，像著名生态学家骆世明教授、著名农史学家曹幸穗研究员等，多次参加我们组织的活动，并给予强有力的支持。另外，媒体的宣传也很重要，特别是来自《科技日报》《中国科学报》《光明日报》《农民日报》“China Daily”《中国国家地理》《中华遗产》《世界遗产》《世界环境》《生命世界》等报刊及中央电视台农业频道和科技频道、香港有线电视台等的记者和制片人，积极参与我们的相关活动，对提高公众对于农业文化遗产的认识发挥了重要作用。

4 GIAHS 理念，助力农业与农村可持续发展

到了今天，虽然 GIAHS 还远没有“世界遗产”那么引人注目，但 GIAHS 项目实施为遗产地所带来的显著的经济、生态和社会效益已经明显地显现出来，并成为助推农业与农村发展的重要动力。

在浙江青田，龙现村这个原本名不见经传的小山村，因为有了 GIAHS 这个品牌，人们对于稻田养鱼这一传承 1 200 多年的生态农业模式有了新的认识。在专家的指导下，当地村民遵循“在发掘中保护，在利用中传承”的原则，充分利用独特的生态与文化资源优势，积极发展多功能农业，探索农业提质增效、农民持续增收的新模式。通过鱼苗孵化基地建设、生产合作社建立等农业经营方式的创新，以及田鱼干加工、休闲农业与乡村旅游发展等农业产业链的延长，实现了传统农耕文化保护与经济社会持续发展的统一。该村在授牌前几乎没有旅游的概念，目前已经有“农家乐”5 家，涌现出了像杨民康、吴丽贞一家那样的致富示范家庭。

2011 年，“贵州从江侗乡稻鱼鸭系统”成功入选联合国粮农组织全球重要农业文化遗产保护试点，为贵州省从江县这个国家级贫困县提供了新的经济增长点。内蒙古自治区敖汉旗曾因其良好的生态环境于 2002 年荣获联合国环境规划署“全球环境 500 佳”称号，10 年后的 2012 年，又因其 8 000 年的粟黍种植历史和丰富的传统技术，以“内蒙古敖汉旱作农业系统”而成为全球重要农业文化遗产保护试点。两个世界级品牌，为敖汉小米走向全国打下了基础。

5 GIAHS 经验，走出国门走向世界

中国是一个农业大国和农业古国，农耕历史悠久，农耕文化丰富，有责任也有义务在国际农业文化遗产保护运动中发挥重要作用。经过十年的发展，中国在农业文化遗产申报与管理、科学研究与成果推广、政策融合与机制建设、学科发

展与能力建设等各方面均走在了世界的前列，并直接推动了粮农组织的工作，辐射到越来越多的国家。按照农业部领导的话说，全球重要农业文化遗产已经成为我国农业国际合作的一项特色工作。

2011 年，在联合国粮农组织驻华代表处和农业部国际合作司的支持下，中国科学院地理科学与资源研究所成功地承办了“第三届全球重要农业文化遗产国际论坛”，这也是第一次由试点国家承办的大型活动。在这次会上，李文华院士以其杰出的成就当选为 GIAHS 项目指导委员会主席。

在联合国粮农组织的历次会议上，中国政府代表团都力推全球重要农业文化遗产保护工作，为联合国粮农组织将其纳入常规预算作出了重要贡献。也是在中国农业部的力推下，2014 年在北京召开的亚太经合组织（APEC）第三届农业与粮食部长会议所发表的《亚太经合组织粮食安全北京宣言》中强调“加大各经济体农业文化遗产的保护力度，支持联合国粮农组织在全球重要农业文化遗产方面所作的努力。”

2014 年和 2015 年，农业部和粮农组织合作，利用“南南合作”基金，举办了两期“全球重要农业文化遗产高级别培训班”，共有来自 30 多个国家的近 60 人次参加了培训。这一开创性的活动，对于促进更多国家的农业文化遗产保护意识和全球重要农业文化遗产申报产生了极为重要的影响。

此外，利用中欧、中韩等农业合作平台和东亚地区农业文化遗产研究会（ERAHS）及其他国际研讨会等学术交流平台，中国的农业文化遗产保护经验正不断影响着世界。

6 GIAHS 事业，只有起点没有终点

客观地说，在 2005 年刚介入这项工作的时候，我们只有一个想法，就是尽力把这件事情做好，根本没有想到能取得今天这样的成果。记得 2009 年春天在北京召开项目正式启动会的时候，我汇报了我们确定的 5 年发展目标：一是能够把青田打造成为一个具有世界影响力的农业文化遗产保护与发展示范点；二是积极推动其他地方的申报工作，力争使中国的全球重要农业文化遗产地达到 10 个；三是推动国家对农业文化遗产的重视，认定国家级农业文化遗产地至少 20 个。今天看来，这些目标都已经实现了。

2014 年，作为 GEF 支持的 GIAHS 项目结束了。但，结束往往意味着新的开始。看看这一年多的工作，就不难发现，作为联合国粮农组织推进的全球重要农

业文化遗产工作进入了一个新的阶段，我国的重要农业文化遗产发掘与保护同样也进入了一个新的阶段。

2015 年 6 月，在联合国粮农组织大会上，在中国等国家政府的极力推动下，GIAHS 工作纳入常规预算进行支持。

而我国则走在了前面。2014 年 1 月和 3 月，由不同领域的专家组成的农业部第一届全球 / 中国重要农业文化遗产专家委员会正式成立，部领导亲自出席并向专家委员会成员颁发聘书；4 月，陕西佳县古枣园、福建福州茉莉花与茶文化系统、江苏兴化垛田传统农业系统被列入 GIAHS 名录，第一届东亚地区农业文化遗产学术研讨会、第一届全球重要农业文化遗产（中国）工作交流会先后在江苏兴化召开；6 月，农业部发布了第二批中国重要农业文化遗产，并启动了第三批申报工作；9 月，农业部和粮农组织联合成功举办了“第一届 GIAHS 高级别培训班”，APEC 第三届农业与粮食部长会议关注农业文化遗产工作；10 月，青田农民金岳品因其在农业文化遗产保护中的突出成就荣获“亚太地区模范农民”称号，中国农产品国际交流会设置“GIAHS 展厅”，韩长赋部长给予高度评价；11 月，中国农学会农业文化遗产分会成立并举行第一次全国学术研讨会。

2015 年 3 月，第二届全球重要农业文化遗产（中国）工作交流会在福州召开；5—10 月，农业文化遗产保护成果在米兰世博会中国馆展示，6 月 8 日，汪洋副总理出席中国馆日并为来自农业文化遗产地的精彩表演“点赞”；6 月，第二届东亚地区农业文化遗产学术研讨会在日本佐渡岛召开；7 月，农业部常务会议正式通过《重要农业文化遗产管理办法》并于 8 月正式发布；国务院办公厅以国办发［2015］59 号文形式发布的《关于加快转变农业发展方式的意见》中强调“加强重要农业文化遗产发掘和保护”。

7　GIAHS 十年，欣慰而自豪

GIAHS 工作是大家共同努力的结果，联合国粮农组织及 GIAHS 秘书处、国家层面的主管部门、各地方管理者、遗产地农民、有关领域的专家，还有我们这个小而精干的团队，各方鼎力支持与通力配合，大家一起投身于重要农业文化遗产这一全新的事业之中，这是中国 GIAHS 事业能够发展到今天并呈现大好局面的根本原因，也将是未来中国 GIAHS 事业蓬勃发展的不竭动力。

陪伴中国 GIAHS 走过了十年，作为这项工作的见证者和亲历者，回顾来路，五味杂陈，感触颇深。从缺钱、缺人、缺少理解的初创时期，一步一步走到今天，把一个普通的国际合作项目做成一个国家部门的工作，是一件很艰难的事情，更是一件令人欣慰和自豪的事情。

我主持或参与过很多项目，可以说这个项目是持续时间最长的，不能说成功，但至少可以说是已有一个良好的开端。我也因此获得了一些荣誉，比如，2013 年被联合国粮农组织授予“全球重要农业文化遗产突出贡献奖”、被中央电视台评为“大地之子——农业科技人物”，2014 年被中国科协授予“全国优秀科技工作者”称号等。其实我很明白，我受之有愧，因为这是集体的荣誉。不过，作为个人，我还是为过去 10 年的付出感到自豪，因为我“做了一点事情，走了很多地方，结交了一帮朋友”。

巨大的成功　有益的探索[①]

（2018 年）4 月 19 日是一个值得庆祝的日子。时隔 5 年，联合国粮农组织（FAO）主办的“全球重要农业文化遗产（GIAHS）国际论坛”在 FAO 总部罗马成功召开。在这次会上，农业农村部副部长张桃林发表主旨演讲，介绍中国在 GIAHS 保护方面所作的努力与取得的成效，阐述中国关于进一步推进 GIAHS 发掘与保护方面的主张。FAO 副总干事赛梅朵（Maria Helena Semedo）女士代表总干事达席尔瓦（José Graziano da Silva）先生，为 2016 年以来所认定的 GIAHS 项目正式授牌，包括我国的浙江湖州桑基鱼塘系统、山东夏津黄河故道古桑树群、甘肃迭部扎尕那农林牧复合系统、中国南方山地稻作梯田系统（含福建尤溪联合梯田、江西崇义客家梯田、广西龙胜龙脊梯田、湖南新化紫鹊界梯田）。

这次会议对于 GIAHS 保护事业发展具有特别重要的意义。2002 年发起保护倡议，2005 年确定第一批保护试点，2009 年开始执行全球环境基金项目，2015 年被列入常规性工作。经过 10 多年的发展，GIAHS 项目数达到了 50 个（截至 2019 年 3 月底共 57 个，详见附 1——作者注），覆盖了亚洲、拉丁美洲、非洲、欧洲的 20 个国家（截至 2019 年 3 月底为 21 个国家，详见附 1——作者注）。本次会议参加人数之多、级别之高，前所未有。350 余人参会，三个国家的副部长发表主旨演讲，为 15 个项目进行授牌。GIAHS 的保护理念及成功实践，对于促进农业可持续发展与乡村振兴、消除贫困与促进小农发展、保护生物多样性与生态环境以及适应气候变化、实现可持续发展目标的重要作用，获得了越来越多的广泛共识。

本次会议对于中国来说，更是巨大的成功、有益的探索。

2005 年 6 月，在农业部（现农业农村部，下同）和中国科学院的共同努力下，成功将浙江青田稻鱼共生系统推荐为世界第一批 GIAHS 保护试点，时任浙

① 本文原刊于《农民日报》2018 年 4 月 20 日第 4 版。

江省委书记的习近平同志曾对此作出专门批示。经过 10 多年的发展，GIAHS 已经成为我国农业国际合作的一项特色工作，农业文化遗产保护研究与实践处于国际领先地位；农业文化遗产发掘与保护成为农业部的一项重要工作和促进农村生态文明建设、美丽乡村建设、农业发展方式转变、多功能农业发展和实施乡村振兴战略的一个重要抓手；农业文化遗产保护与发展的经济、生态与社会效益凸显，农民文化自觉性与保护积极性显著增强；科学研究不断深入，有效支撑了农业文化遗产保护工作，推动了学科发展与人才培养，初步形成了一支多学科、综合性的研究队伍；全社会对于农业文化遗产价值和保护重要性的认识不断提高，多方参与机制初步形成。

截至目前，我国已有 15 个项目得到了 FAO 认定，涉及到 30 个县市区，数量位居各国之首。农业部发布 4 批 91 项中国重要农业文化遗产，涉及 28 个省市自治区的 104 个县区市。2015 年，农业部颁布了世界首份《重要农业文化遗产管理办法》；2016 年以来连续三年“中央一号文件”提出农业文化遗产发掘与保护任务。

这一轮申报工作历时两年多，农业部和有关地方政府高度重视，有关专家和遗产地管理人员共同努力，一次成功申请了 4 个项目，为世界首次，而且成功将 4 个稻作梯田项目进行整体申报，对未来农业文化遗产申报和管理也是一次有益的探索。

习近平总书记高度重视农耕文化的发掘、保护、传承与利用工作，多次强调：“农耕文化是我国农业的宝贵财富，是中华文化的重要组成部分，不仅不能丢，而且要不断发扬光大。”实施乡村振兴战略，“必须传承发展提升农耕文明，走乡村文化兴盛之路”。

中国农业文化遗产发掘与保护经验，对于坚定文化自信、传承中华优秀农耕文化无疑具有重要的意义。中国是农业大国，有着悠久的农耕历史和灿烂的农耕文化。这些富含可持续发展理念、优美乡村景观以及丰富的农业生物多样性、深厚的民族文化和适宜的农耕技术体系的珍贵农业文化遗产，在乡村振兴战略中将会发挥越来越重要的作用。先辈创造的丰厚的农业文化遗产和不断创新探索的农业文化遗产保护与发展道路，亦将有助于在世界农业与农村发展领域，发出中国声音、提供中国方案、分享中国经验、贡献中国智慧。

延伸阅读

农业文化遗产的中国往事

2018年4月，在罗马举行的全球重要农业文化遗产（GIAHS）论坛上，4项来自中国的新遗产获得授牌。我因工作原因，生平第一次缺席了授牌仪式现场，但心中惦念不已，通过视频直播观看了论坛全程。当来自中国的全体代表欣喜地抱着牌匾合影时，远在数千里之外的我，心潮和他们一样澎湃激动。

到今年，我国拥有了15项全球重要农业文化遗产，而前后算起来，我和它结缘也有15个年头了。回顾我的职业生涯，几乎和这项工作进入中国的时间一样久，并且与它的联系从未中断。

今年对于全球重要农业文化遗产来说，也是具有里程碑性质的一年。遗产总数首度达到50个，覆盖了20个国家，并且历史上首次有欧洲国家的遗产入围。作为中国农业文化遗产事业最主要的参与者和亲历者之一，我深感此刻有必要写些文字，记录这十多年来农业文化遗产事业发展的曲折道路，展望它的光明前景，不忘初心，继续前行。

冷门项目　乏人问津

2004年，我研究生毕业后来到农业部工作，负责联合国粮农组织（FAO）事务。8月的一天，两位学者突然来访，“我们准备帮中国申报FAO的全球重要农业文化遗产！你们需要马上出证明、上项目！”“这位是联合国大学的专家……”听着介绍，我自忖对FAO大小项目都有所了解，但从来没听说过农业文化遗产，心想：对方莫非在开玩笑?

当我读了对方带来的英文材料后，心里很快踏实了。这份文件是如假包换的FAO公文，联合国大学也确有其机构，然而这农业文化遗产过去从未听说，连检索FAO官网都毫无踪迹。和来访者连续交流几次之后，我终于厘清了头绪。原来这是FAO总部水土司策划的一个概念式项目，准备争取全球环境基金（GEF）资金支持，但并未走正常渠道，而是通过专家来游说，希望拉着中国一起申请一个全球项目。

类似待提交的FAO项目概念书排着长队，但项目文件里的一句话打动了我，“传统农业不是落后的，而是历经千年、饱含智慧，更加维系人类的未来”。我生长在农村，幼年就习惯了日出而作、日落而息，对阡陌纵横、鸡犬相闻的传统农耕模式有着扯不断的眷恋和深情。这件事或许值得一试！在征得领导的许可后，我开始与两位学者研究项目的具体内容。

FAO希望在中国、智利、秘鲁等6个国家分别挑选一个农业系统作为遗产试点，两位专家提出了中国两个候选项目——浙江青田的稻鱼共生系统和贵州从江的稻鱼鸭系统，都是非常优秀的传统农耕模式。专家建议两个放在一起申报，而我们商量后认为：两地相距甚远，不便同时做项目。浙江地处发达地区，交通便利，观念开放，比远在大山深处的从江更擅长开展国际交流；另外，从保护传统农耕的迫切性来说，浙江也更紧急些。基于上述考虑，我们决定先推青田稻鱼共生系统作为首个试点。

自此，全球重要农业文化遗产工作在中国拉开了序幕。

这两位把农业文化遗产介绍到中国农业部的学者不能忘记，一位叫胡瑞法，来自中科院地理所；一位叫梁洛辉，来自联合国大学。尽管后来他们逐渐离开了各自岗位和这项工作，但他们始终不曾远离，依旧关心和支持着农业文化遗产工作。

艰苦探索　渐有起色

几番协调争取后，财政部最终同意拨给我们50万美元的GEF资金额度，我国几乎踩着截止日期红线把同意函发给了FAO总部。这时候，我终于和这个项目的“幕后操盘手”打上交道，他就是全球重要农业文化遗产概念的缔造者、时任FAO水土司司长Parviz Koohafkan先生。一晃十多年，这个睿智倔强的伊朗老人成为中国的坚定拥趸和我一生的良师挚友。

GEF项目批准之后，我们安排中科院地理所承担执行单位的任务。然而，真正实施起来才知道有多棘手，因领域生僻、参与国别多，又没走正规渠道，因此需要开展大量的额外协调工作，这对于一个学术机构来说太过复杂烦冗。例如，要召开启动会，理不清谁主办谁承办、怎么请政府部门、怎么通知外宾、怎么支付报账等等。

项目启动伊始，我就预见到这个项目将来必定成为一项长期性工作，需要在 政府部门里找个对口的管理单位，也想帮它找个固定的、家底殷实的“婆家”，于是我们找到了种植业司、科教司、渔业局等部门，直至请办公厅出面协调。然而大家对这个国际上都超前的概念感到陌生和谨慎，最终，转了一圈后，还是由国际合作司继续负责。

我们和中科院的合作也经历了挺长时间的磨合。例如确定项目试点后，需要在青田竖个遗产标识，专家打算直接署名 FAO 和中国农业部，然而政府做事必须充分论证、严格程序，我们经过反复斟酌，最终标识上只保留 FAO、GEF 和 UNDP 三家国际机构（因当时项目是三大机构参与实施，它也成为我国唯一一个有三机构署名的遗产标识）。政府部门和科研机构的不同思路和风格给项目管理增加了沟通成本。

这个时候，同样来自地理所的闵庆文研究员成为该项目的关键人物。他几乎在最需要的时间出现，成为最完美的人选。他具备深厚的学术功底，熟谙生态农业，通晓政府事务，外语流利，行动高效，善于协调。最重要的是，他对农业文化遗产工作充满热情和信心。闵先生以极大的热忱，推动了中科院对农业文化遗产工作的重视。在他的努力下，他的导师李文华院士也加入进来（准确地说，是李文华院士领导着该项工作，并推荐我参与其中。——闵庆文注）。李先生是我国生态农业资深专家，领导过联合国教科文组织人与生物圈计划，虽已七十岁高龄，但精力充沛。正是李院士的影响力和闵先生的执行力，中科院专门成立了自然与文化遗产研究中心。就这样，以李院士、闵先生为核心，一支稳定的技术团队由此逐渐形成，这支队伍日后也成为全世界农业文化遗产领域的科研领袖。

刚开始，闵先生的团队十分清苦，项目办数年仅有 GEF 的 50 万美元支持，既要实施项目活动，又要负担研究生的科研经费。更难的是，这项工作理念过于超前，在当时保增产的农业大环境下，基层政府和群众并不太认可，参与积极性并不高，基本上是边科普、边推进。

不仅有内忧，更多是外患。“遗产之父” Parviz 先生于 2012 年从 FAO 退休，他主事的时候，与中国密切互动，以娴熟的外交技巧逐步让遗产工作从松散机制步入正轨，然而他的退休让这项工作在国际上突然没了主心骨，原本良好的工作势头开始倒退。在 FAO 管理会议上，除了中国强力支持外，发展中国家多无动于衷、袖手旁观，而美国、澳大利亚等农产品贸易大国因没有农耕文化，害怕背后潜伏着新的技术壁垒，因此坚决抵制遗产工作。

尽管经历了长时间的沉寂期，我仍然相信这项事业迟早会得到认可，以微薄之力与其他同道一起致力于遗产工作。农业部每年都从不多的国际交流专项中挤出一部分开展遗产保护，更重要的是始终稳扎稳打，在国际场合为遗产鼓与呼，为下一步的发展奠定了宝贵基础。

文化复兴　曙光初现

尽管开局阶段艰苦，但农业文化遗产仍然发展良好，这要得益于地方政府的重视。青田作为第一个遗产项目地，启动伊始即得到了时任浙江省委书记的专门批示，要求保护好这唯一的遗产，勿使其失传。青田和其他遗产所在地等先行者不负重托，发挥了很好的试验示范作用，为农业文化遗产保护和发展实践积累了宝贵的经验，也使我们探索出一套适合中国、领先世界的工作路线。以青田县农业局的吴敏芳老师、龙现村的伍丽贞大姐等为代表的基层技术人员和农户令人敬佩，他们全力配合政府号召，投身于农业文化遗产保护和发展事业。

然而，真正使传统农耕文明重现曙光，进入全国各级政府的视野和工作的，应当是以党的十七届六中全会谋划社会主义文化建设为契机。中央部署了“文化兴国”战略，充分肯定优秀传统文化是中华民族的精神财富，提出要坚持保护利用、普及弘扬并重。从这次会议开始，我国的农业文化遗产工作才算真正迎来了发展的春天。

我们抓住这个机遇，把农业文化遗产工作作为农业领域落实社会主义文化建设的重要行动，给予了更大支持。在国内，我们陆续推动了“绍兴会稽山古香榧群”等系统的申遗工作，为它们成功通过评审付出了巨大努力。在国际层面，我们更积极主动，几乎是推着秘书处在走，一边扛住美澳等国家的非议，一边出钱出力帮助FAO开展工作。李文华院士一直担任项目指导委员会的主席，闵庆文先生等进入专家委员会，中国声音始终主导着国际农业文化遗产保护事业。我国开展的保护实践，绝大多数都被FAO借鉴过去，上升为国际范例。

在这段时间，受国际遗产工作启发，也想更好打开工作局面，我们不止一次想到了建立国内独立的农业文化遗产体系。国际合作司本可以发起这项工作，但为了事业更好发展，本着“独行速、众行远”的理念，我们邀请乡镇企业局参与国内遗产体系的设计。乡企局彼时正处于休闲农业发展初期，这个项目正中下怀，于是他们以全球重要农业文化遗产为模板，从2012年起发起了中国重要农业文化遗产的发掘与保护，迄今已有4批91项国内遗产。事实也证明了，当初这个选择是正确的，众人拾柴火焰高，农业文化遗产在社会上引起了更广泛的重视和认同。

留住乡愁　柳暗花明

党的十八大后，生态文明建设成为中国发展的主旋律，中国“三农”发展也调整了新的工作思路，农业文化遗产事业迎来前所未有的黄金机遇期。特别是习近平总书记在中央城镇和农村工作会议上强调，“农村要留得住绿水青山”“让居民望得见山、看得见水、记得住乡愁”“农耕文化是我国农业的宝贵财富，是中华文化的重要组成部分，不仅不能丢，而且要不断发扬光大……”这些朴实温暖的话语让多年从事农业文化遗产保护的我们打心眼里产生共鸣。总书记对中华农耕文明传承的重视和关心，尤其是他提到的哈尼梯田等正是遗产所在地，让我们感到特别振奋，更加坚定了做好这项事业的决心和信心。

为适应GEF项目结束后的工作转型，2014年，我们组建了农业部全球重要农业文化遗产专家委员会，聘请25位农业、生态、经济、社会、文化等不同领域的院士或学者参加，聘请李文华院士为主任委员，闵庆文先生为副主任委员兼秘书长。这个委员会的建立，对我国农业文化遗产政策制定、学术研究、科学普及等提供了有力支撑。

法者，治之端也。从最初，我和闵庆文先生等人就不断探讨国内农业文化遗产立法的可行性，这是我们孜孜追求的最重要的工作手段和目标之一。从2013年开始，我们开展扎实调研，分析了世界文化遗产、风景名胜区、非物质文化遗产等相关法律条文，并研究了许多国际案例，对于农业文化遗产的管理规则已成竹在胸。经过仔细打磨之后，2015年梦想终成现实，中国农业部以部令形式正式出台《重要农业文化遗产管理办法》，这是全世界的第一部农业文化遗产法规，无论对中国还是世界的农耕文明保护，都具有划时代的意义！不止一个国家向我们索要英文版学习。2016年起，农业文化遗产工作连续写入中央“一号文件”，受重视程度前所未有。

在国际上，我们在遗产领域的话语权和软实力持续提升。2014年，亚太经合组织（APEC）粮食安全部长会议在北京召开，我们成功推动农业文化遗产工作首次写入部长宣言。2015年，在我们的不懈努力下，压倒美澳等反对势力，推动FAO理事会首次将全球重要农业文化遗产确定为工作重点，成功使FAO拨出常规预算，建立了永久的秘书处。2016年更进一步，中国在担任二十国集团（G20）主席国期间，我们把握机遇，巧妙利用这个全球治理的核心，成功推动G20农业部长们一致认同GIAHS的重要性。必须说，这是一项极为艰难和了不起的成就，能赢得全球最具影响的二十多个经济体的共识，这基本上为农业文化遗产工作的国际发展扫平了最主 要的政治障碍。

在国际交流中，我们一直秉承着文明交流互鉴的原则，积极对外分享中国经验，为全球农耕文明保护贡献中国智慧。2015年，农业部与FAO签署了协议，利用中国－FAO信托基金，启动了全球重要农业文化遗产南南合作项目。在该项目的支持下，我们培训了来自50个国家的近100名学员，在他们眼里，不仅中国农耕文明的魅力令人向往，遗产保护工作更令他们敬佩。培训效果也是极佳，最近几年，世界上新的GIAHS项目有90%来自这些学员的国家，中国这个良师可谓是当之无愧。

2017年底，党的十九大提出坚持农业农村优先发展，实施乡村振兴战略，把“三农”问题上升到前所未有的重视程度。乡村振兴总要求是“产业兴旺、生态宜居、乡风文明、治理有效、生活富裕”，这为农业文化遗产工作提供了绝佳的历史机遇。仔细审视我们的遗产工作，几乎包含了乡村振兴的所有关键元素，因此必须要在实施乡村振兴战略中发挥重要作用。我相信所有的农业文化遗产工作者都和我一样，迫不及待地想肩负起这个历史责任，努力让遗产活起来、农民富起来、乡村热起来。

不可否认的是，当前农业文化遗产的国内国际发展都还面临着较大压力和挑战：重申报、轻管理，重开发、轻保护，重形式、轻内容；农业多功能开拓不足；农户利益分配机制不科学；国际影响力较弱，规则制度建设滞后等等。

不过，与困难相比，我们拥有更多的是信心，比起世界自然与文化遗产40多年的发展史，农业文化遗产仅短短15年，就已今非昔比。最艰苦的阶段都已经过去，农业文化遗产的“朋友圈”越来越大，“正能量”越来越多，何愁农耕文明不会得到传承呢？……

而农业的本性似乎也正是如此，历经数千年沧海桑田，不管世间白云苍狗，在这个蓝色星球上，人类的血脉一直紧紧与农业相连，绵延不断、繁衍生息、无穷无尽。

本文作者为赵立军（农业农村部国际合作司国际处处长），原刊于《世界遗产》2018 年 1–2 期 39–42 页

延伸阅读

申遗之路：2015—2018年 中国全球重要农业文化遗产申报历程

2015年：

- 10月26日，农业部（现农业农村部，下同）办公厅印发《关于开展全球重要农业文化遗产候选项目遴选工作的通知》。遴选条件：已经入选中国重要农业文化遗产，符合联合国粮农组织（FAO）全球重要农业文化遗产（GIAHS）基本条件，申报工作得到遗产所在地居民普遍支持，有较好的财政支持和技术保障，保护成效显著等。

2016年：

- 3月16日，农业部办公厅印发《关于公布中国全球重要农业文化遗产预备名单的通知》，经省级农业行政管理部门遴选推荐、农业部全球重要农业文化遗产专家委员会评审等程序，确定28个传统农业系统为中国全球重要农业文化遗产预备项目。
- 4月15日，“第三届全球重要农业文化遗产（中国）工作交流会”在北京召开，邀请李文华院士、骆世明教授、曹幸穗教授、闵庆文研究员等农业部全球重要农业文化遗产专家委员会成员，对列入中国全球重要农业文化遗产预备名单中的10个项目遴选，确定将浙江湖州桑基鱼塘系统、山东夏津黄河故道古桑树群、甘肃迭部扎尕那农林牧复合系统、中国南方山地稻作梯田系统（含福建尤溪联合梯田、江西崇义客家梯田、广西龙胜龙脊梯田、湖南新化紫鹊界梯田）列为重点培育项目。
- 6月27—30日，FAO驻华代表处Percy Misika代表、戴卫东项目官员，FAO GIAHS科学咨询小组（SAG）主席闵庆文研究员考察甘肃迭部扎尕那农林牧复合系统。
- 8月25日，农业部国际合作司致函FAO驻华代表处Vincent Martin

代表，正式报送浙江湖州桑基鱼塘系统、山东夏津黄河故道古桑树群、甘肃迭部扎尕农林牧复合系统、中国南方山地稻作梯田系统（包括福建尤溪联合梯田、湖南新化紫鹊界梯田、广西龙胜龙脊梯田及江西崇义客家梯田）申报书。

- 10月23日至11月5日，“第三届联合国粮农组织南南合作框架下全球重要农业文化遗产高级别培训班”开班，学员实地考察山东夏津黄河故道古桑树群、浙江湖州桑基鱼塘系统等。

2017年：

- 2月13—16日，FAO GIAHS SAG第三次会议在FAO总部意大利罗马召开。会议审议了中国提交的浙江湖州桑基鱼塘系统、山东夏津黄河故道古桑树群、甘肃迭部扎尕农林牧复合系统及中国南方山地稻作梯田系统（包括福建尤溪联合梯田、湖南新化紫鹊界梯田、广西龙胜龙脊梯田、江西崇义客家梯田），专家组对4个项目给予积极评价，建议进一步修改并报送GIAHS秘书处后安排专家进行实地的考察。4月10日，FAO GIAHS秘书处致函农业部国际合作司，反馈SAG会议对中国申报项目的评审意见。
- 6月5—7日，“第四届全球重要农业文化遗产（中国）工作交流会”在山东省夏津县召开，其间召开“GIAHS申报文本修改讨论会”，并围绕GIAHS申报的难点和问题进行讨论，闵庆文研究员在会上介绍了SAG讨论情况并就进一步修改文本和迎接专家组考察等问题提出意见和建议。
- 7月9—11日，FAO GIAHS科学咨询小组（SAG）成员、联合国大学Kazuhiko Takeuchi教授应闵庆文研究员邀请考察“山东夏津黄河故道古桑树群”和考察了“浙江湖州桑基鱼塘系统”。
- 7月14—16日，FAO GIAHS SAG主席Mauro Agnoletti教授、成员Anne McDonald教授受SAG委派，考察“甘肃迭部扎尕那农林牧复合系统”“湖南新化紫鹊界梯田”“广西龙胜龙脊梯田”。
- 8月31日，农业部国际合作司致函FAO驻华代表处Vincent Martin代表，正式递交中国4个项目申报文本修改稿。
- 9月11—25日，“第四届联合国粮农组织‘南南合作’框架下全球重要农业文化遗产高级别培训班”在北京开班，并实地考察了山东夏津黄河故道古桑树群、广西龙胜梯田传统农业系统。

- 9月12—14日，FAO GIAHS科学咨询小组成员、肯尼亚国家博物馆首席科学家Helida Oyieke研究员受SAG委派考察“福建尤溪联合梯田”和“江西崇义客家梯田”。
- 9月26—27日，FAO GIAHS科学咨询小组（SAG）第四次会议在罗马召开，中国申报的“甘肃迭部扎尕那农林牧复合系统”“浙江湖州桑基鱼塘系统”“山东夏津黄河故道古桑树群”及福建尤溪、湖南新化、广西龙胜、江西崇义联合申报的“中国南方山地稻作梯田系统”均获得积极评价原则通过。
- 11月23—24日，FAO GIAHS科学咨询小组（SAG）第五次会议在罗马召开，我国申报的“浙江湖州桑基鱼塘系统”和“甘肃迭部扎尕那农林牧复合系统”通过专家评审，同时申报的“中国南方山地稻作梯田系统”（含福建尤溪联合梯田、江西崇义客家梯田、湖南新化紫鹊界梯田、广西龙胜龙脊梯 田）和“山东夏津黄河故道古桑树群”也获得 原则批准。

2018年：

- 1月19日，FAO GIAHS协调员Yoshihide Endo致信农业部国际合作司，确认“山东夏津黄河故道古桑树群”被正式认定为全球重要农业文化遗产。
- 2月5日，FAO GIAHS协调员Yoshihide Endo致信农业部国际合作司，确认“中国南方山地稻作梯田系统”被正式认定为全球重要农业文化遗产。
- 4月19日，FAO GIAHS国际论坛在罗马召开，给2016年以来认定的包括浙江湖州桑基鱼塘系统、甘肃迭部扎尕那农林牧复合系统、山东夏津黄河故道古桑树群和中国南方山地稻作梯田系统（含福建尤溪联合梯田、江西崇义客家梯田、湖南新化紫鹊界梯田、广西龙胜龙脊梯田）等14项全球重要农业文化遗产授牌。

全球重要农业文化遗产国际论坛[①]

由联合国粮农组织（FAO）主办的全球重要农业文化遗产国际论坛（International Forum on GIAHS），原则上两年一次，每次均设有一个主题。

第一届论坛于2006年10月24—26日在意大利罗马召开，主题为"农业文化遗产：一个关乎未来的遗产"。来自FAO及联合国发展规划署（UNDP）、联合国教科文组织（UNESCO）、全球环境基金（GEF）等国际机构、试点所在国家的代表、相关学术团体与高等院校的专家、非政府组织的代表以及媒体代表70多人参加了本次论坛。农业部国际合作司项目官员赵立军、中国科学院地理科学与资源研究所研究员闵庆文和浙江省青田县人民政府县长助理叶明儿参加论坛。

本次论坛就GIAHS的科学内涵与动态保护思想达成初步共识，与会代表围绕GIAHS的理论基础、如何应对保护中存在的问题、动态保护机制的建立、发展替代产业的选择等问题进行了充分讨论和交流。一致认为：GIAHS并非单纯意义上对传统和过去的保护，应该是一个面向未来、具有长远发展空间的项目，在保护生物多样性、发展生态农业、维护农村地区风貌、传承农业文化传统等方面具有十分重要的意义；建立动态保护和适应性管理机制、提高基层社区能力、发展生态旅游、开拓生态农产品市场等是农业文化遗产保护的重要途径。另外，遗产保护并不排斥新技术的应用。本次论坛基本确定了GIAHS遗产类型及项目实施方案。

第二届于2009年10月21—23日在阿根廷布宜诺斯艾利斯举行，主题为"珍视农业文化遗产，减缓适应气候变化"。本次论坛是第八届世界林业大会的分会场之一。其目的是：提高气候变化时代公众对于GIAHS及其产品与服务的价值的认识；确定国际与国家水平上GIAHS认定的途径；交流并帮助试点国家在不同层面上执行GIAHS项目中管理、机制与组织建设方面的问题；交流最新进

① 本文原刊于《农民日报》2013年7月12日第4版。

展并通过 GIAHS 计划执行策略。来自 FAO、GEF、生物多样性公约秘书处、联合国大学等国际组织的代表，中国、秘鲁、智利、菲律宾、肯尼亚、突尼斯等试点国家的代表，美国、德国、法国、印度、厄瓜多尔、巴西、摩洛哥等国家的专家和农业部门的代表 50 余人出席了本次论坛，围绕农业文化遗产的国际含义、作为发展资产与资源的 GIAHS、GIAHS 动态保护的测度等方面进行了研讨。

本次会议还讨论了指导委员会的组成架构、起草国际公约、遴选标准与程序等问题，通过了《关于全球重要农业文化遗产的建议》。闵庆文研究员应邀参加了会议，并介绍了中国执行 GIAHS 项目的主要进展和经验，参加了指导委员会会议。

第三届论坛于 2011 年 6 月 9—12 日在北京召开，主题为“农业文明之间的对话”。本次论坛的目的是：为国际、国家和地方的不同合作伙伴交流农业文化遗产的保护经验提供平台，完善 GIAHS 有关机制并促进相关组织和机构间的合作，确定新的 GIAHS 保护试点，探讨如何在联合国可持续发展峰会上展示 GIAHS 成果。来自 FAO、GEF、UNESCO、生物多样性公约秘书处、国际竹藤组织、联合国大学、欧盟等国际组织的代表，阿尔及利亚、秘鲁、坦桑尼亚、突尼斯、智利、菲律宾、中国、日本、印度、摩洛哥等试点国家和候选点国家的代表，斯里兰卡、巴西、美国、意大利、比利时、法国等国家的专家或农业部门的代表近 200 人参加。与会代表围绕农业文化遗产的价值——食品安全、农业可持续发展和乡村发展的基础，乡村景观和生态系统产品与服务——机遇与挑战，建立全球重要农业文化遗产伙伴关系等议题进行了研讨。

本次论坛第一次在试点国家举办，由中国科学院地理科学与资源研究所承办，并得到了农业部国际合作司、中国农学会、国际竹藤组织以及有关地方政府的大力支持，农业部原副部长、中国农学会名誉会长洪绂曾，全国政协人口资源环境委员会副主任、中国林学会理事长江泽慧，中国科学院地理科学与资源研究所党委书记成升魁、农业部国际合作司副司长姚向君、FAO 驻北京代表处代表米西卡先生等出席并讲话。中国工程院院士李文华当选为 FAO GIAHS 指导委员会主席，并主持了开幕式、闭幕式和指导委员会 / 科学委员会联席会议。

本次论坛的一大变化还表现在对于 GIAHS 试点的认定上。候选地进行申报陈述，指导委员会 / 科学委员会举行闭门会议，为获得批准的遗产地授牌。最后，我国贵州省“从江侗乡稻鱼鸭系统”、摩洛哥“阿特拉斯山脉绿洲农业系统”、印度“藏红花种植系统”、日本“能登半岛山地与沿海乡村景观”和“佐渡岛稻田—朱鹮共生系统”被列为GIAHS保护试点。北京蟹岛生态农庄还被确定为“全球重要农业文化遗产区域培训中心”。

本次论坛通过了《全球重要农业文化遗产北京宣言：促进全球重要农业文化遗产动态保护的“十点”宪章》。同期还举办了“农业文化遗产保护：机遇与挑战”的中国分论坛。会议期间，举办了农业文化遗产地农产品展览和民族歌舞表演。研讨会后部分代表还考察了河北省宣化城市传统葡萄园和浙江省青田稻鱼共生系统。本次论坛的成功举行，对于促进我国农业文化遗产及其保护研究与实践产生了积极影响，并确立了我国农业文化遗产及其保护研究与实践的国际领先地位。

第四届论坛于2013年5月29—31日在日本石川县七尾市举行，主题为“农业文化遗产对于建设可持续世界的贡献”。GIAHS指导委员会和科学委员会委员，来自中国、日本、菲律宾、阿尔及利亚、智利、秘鲁、印度、坦桑尼亚、肯尼亚、摩洛哥、突尼斯等GIAHS试点国家的代表和韩国、伊朗、美国、埃塞俄比亚、印度尼西亚、阿塞拜疆、意大利等候选试点国家的代表，以及国际农业发展基金、GEF、国际生物多样性中心、联合国大学等机构代表500多人参加了本次会议。本次论坛通过了《全球重要农业文化遗产动态公报：关于全球重要农业文化遗产的几点共识与建议》。

除大会外，还设置了农业文化遗产应对变化的恢复力和适应性、农业文化遗产的多样性和景观、传统知识和生态文明等分论坛。闵庆文研究员主持了传统知识和生态文明分论坛，并介绍了中国GIAHS保护与发展的经验。各地代表介绍了遗产保护和发展工作的经验和教训，并通过海报、实物、宣传册等多种方式展示了GIAHS商业开发的具体做法。会后，部分代表还实地考察了能登半岛山地与沿海乡村景观和佐渡岛稻田—朱鹮共生系统两个GIAHS保护试点。

在GIAHS指导委员会主席李文华院士的主持下，来自中国、日本、印度、伊朗的7个候选点的代表向分别作了申报陈述报告。经GIAHS指导委员会/科学委员会闭门会议讨论，最后确定将中国的浙江省绍兴会稽山古香榧群、河北省宣化城市传统葡萄园，日本的静冈县传统茶—草复合系统、熊本县阿苏可持续草地农业系统、大分县国东半岛林—农—渔复合系统，印度的喀拉拉邦库塔纳德海平面下农耕文化系统等6个传统农业系统列为GIAHS保护试点。5月30日上午，李文华院士和FAO总干事达西尔瓦先生等向这6个地方的代表颁发了证书。

本次论坛首次设立了高层论坛，FAO总干事达西尔瓦、日本农林水产大臣林芳正等出席。达西尔瓦在致辞中指出，GIAHS 不仅能维持农民生计、提供收入来源、保障粮食安全和营养水平，还在水土资源的可持续利用、生物多样性保护、农村景观维护、农业文化传承等方面发挥独特作用，对于世界范围内的农业可持续发展具有重要意义。农业部国际合作司屈四喜巡视员在高层论坛上发言指出，深入挖掘传统农业的生态内涵，保护农村生态环境与农业生物多样性，发展其多功能价值，推动农村生态文明建设，已经成为实现社会经济协调持续发展和建设美丽中国的一项重要工作。中国逐步形成了以多方参与机制为核心的动态保护体系，制定了“政府主导、社区参与、科技支撑、企业带动、媒体宣传”的工作方针，GIAHS 试点地区的生物多样性、自然景观及传统文化等得到了有效保护，传统农业方式重新充满活力，农业投资显著增加，休闲农业快速发展，农民生活水平明显提高，真正实现了农业增效、农民增收、农村繁荣。他建议进一步健全农业文化遗产的工作机制，提高项目资金保障，提高保护试点的代表性，加强国际交流合作，强化科技支撑。表示中国将一如既往地支持粮农组织开展有关工作，并愿意充分发挥中国的实践经验和丰富的遗产资源优势，与其他国家加强交流与合作，共同推进 GIAHS 保护与发展，为全球粮食安全和农业可持续发展作出贡献。

会议决定李文华院士连任 GIAHS 指导委员会主席。李院士在闭幕式上讲话指出，在今后一段时间里，指导委员会和科学委员会将继续在全球重要农业文化遗产的认定标准方面加强研究，进一步规范全球重要农业文化遗产的管理和申报工作。

延伸阅读

全球重要农业文化遗产北京宣言：促进全球重要农业文化遗产动态保护的“十点”宪章

由联合国粮农组织和中国科学院地理科学与资源研究所共同主办的“第三届全球重要农业文化遗产国际论坛”，于2011年6月9—11日在北京蟹岛度假村召开。本次论坛的主要目的是交流不同试点国家在全球重要农业文化遗产保护中的知识和经验，同时也总结过程中存在的不足。

联合国粮农组织全球重要农业文化遗产项目是一项旨在明确传统农业系统及其相关的农业生物多样性、文化和知识体系的国际性项目，这一项目有助于保障全世界的食物安全。全球重要农业文化遗产动态保护是一种创新性的战略，通过对小型农户和社区进行授权，增强这些系统在地方和全球水平上对全人类的效益。因此，全球重要农业文化遗产项目希望可以扩大到更多的系统和试点地区，覆盖更多的农业社区，借此衡量农业应对全球变化的创新性方式，同时也通过农业生物多样性保护提高经济收益，实现人与自然和谐发展。

（1）与会人员一致认为，全球重要农业文化遗产项目对各个国家履行国际承诺提供了支持，在农业生物多样性和基因资源保护和可持续利用等方面，实现了在美国确定的“千年发展目标”，实施了在名古屋确定的“生物多样性战略计划”，并在全球气候变化、能源短缺和经济危机的总体设想框架下确保粮食生产提供了经验。

（2）与会人员一致认为，全球重要农业文化遗产项目对“里约+20”峰会有重要意义。项目关注农业生物多样性和当地社区传统知识的保护，体现了设计和实施更加可持续和更具恢复性农业的许多原则和技术。

（3）与会人员一致认为，社区对于农业文化遗产保护具有重要意义。社区可以通过参与决策和维持传统农业生态系统为人们提供服务而获得利益。

（4）与会人员一致认为，需要设计和制定有利于地方社区作为全球重要农业文化遗产成员获益的方式，例如通过生态补偿、生态旅游和进行有机产品认证等方式。

（5）与会人员一致认为，国家政府需要与国际机构合作，共同支持全球重要农业文化遗产项目的实施。

（6）与会人员代表非洲、亚洲和拉丁美洲的全球重要农业文化遗产保护试点，感谢联合国粮农组织全球重要农业文化遗产项目秘书处，并表示以后将进行信息共享，提高地区水平、国家水平和国际水平上对全球重要农业文化遗产重要性的认识。

（7）与会人员将通过试点项目的宣传和活动支持全球重要农业文化遗产的可持续发展，增强维护、重建和创新农业文化、提升政策制定者、学术研究人员、当地社区、小企业及其他团体形式的领导力、所有权和企业运作能力等。

（8）与会人员将在全球重要农业文化遗产领域始终如一的工作，将其看作全世界独一无二农业文化遗产动态保护不断演化的整体，看作人与自然协同进化的典范，尤其是在那些农业生物多样性脆弱、人民生活贫困、全球环境变化影响严重、城市化和全球化冲击这些社区的地方。

（9）与会人员一致同意每个成员国都要支持当地社区参与国家水平和国际水平上的生物多样性管理。

（10）与会人员一致同意支持保护、扩大和维持全球重要农业文化遗产的方式，增强各小型社区之间的对话，使具有生态、社会和经济效益的农业文化遗产造福于地方农民、社区甚至全世界。

联合国粮农组织全球重要农业文化遗产项目秘书处起草，2011 年 6 月 11 日于中国北京发布。

延伸阅读

全球重要农业文化遗产能登公报：关于全球重要农业文化遗产的几点共识与建议

作为参加此次第四届全球重要农业文化遗产（GIAHS）国际论坛的代表，我们谨代表各国政府部门，非洲、亚洲及拉丁美洲各GIAHS保护试点地方机构，国际组织及公民社会组织等达成以下共识。

（1）支持组织类似的国际论坛，为农业文化遗产对世界可持续发展的贡献等议题提供交流与讨论的平台；

（2）注意到个体农户、家庭农场以及传统农户和社区对食品安全、农村就业、自然资源保护、生物多样性维持、生态产品及生态系统服务提供以及适应气候变化等的重要作用；

（3）认识到农业文化遗产在当今快速发展的世界作为其可持续性的基准点和衡量乡村社区可持续管理自身资产指标的重要性；

（4）意识到联合国粮农组织及其合作者在世界范围内自2002年起开展了推动与支持农业文化遗产的动态保护、协助各GIAHS试点进行遗产系统的识别、支持、批准等一系列工作的重要性；

（5）强调通过加强政府和个人之间的合作来推动农业文化遗产保护相关政策支持及基金投入的必要性；

（6）肯定GIAHS保护试点潜在的生物多样性固有价值及其在生态、社会、经济、文化、审美和生态系统服务功能和生计服务维持等方面的重要作用；

（7）认识到GIAHS保护试点居民及当地社区的传统知识、创新改革及实践探索对当地可持续发展起着至关重要的作用；

（8）进一步认识到此次在日本石川县能登地区召开的本次论坛是第一次在发达国家的试点地召开；

（9）注意到GIAHS这一全新理念已经被2012年联合国大会第二委员会第67次会议等国际论坛所广泛接受；

（10）注意到生物多样性公约(CBD)缔约方大会第十届会议（COP 10）中，GIAHS作为农业生物多样性保护和可持续利用的创新手段正式写入“爱知目标”；

（11）认识到除了联合国粮农组织、地方政府部门以及国际组织以外，建立一个新的有效的组织机构对于今后GIAHS试点保护和发展的必要性；

（12）强调全球重要农业文化遗产对于实现“可持续发展目标（SDGs）”、实现“里约+20”联合国可持续发展大会提出的“2015后发展议程”中的“我们期望的未来”目标具有重要意义；

（13）认识到将GIAHS融入经济学、社会学以及环境科学等各个学科的必要性，注意各学科之间的关联，推动农业文化遗产的可持续发展；全球重要农业文化遗产是支撑家庭农户、遗产保护所在地人民享受福利的基础，也为各试点地今后的发展创造机遇；

（14）向联合国粮农组织、国际组织以及私人组织推荐并支持GIAHS的启动和发展，进而恢复乡村地区的系统保护，促进其可持续发展；

（15）动员人文及政府资源遴选新的GIAHS保护试点，并加强其作为活态遗产类型的可持续性动态保护的力度；

（16）呼吁所有政府部门和资金赞助商支持并保护GIAHS；

（17）呼吁所有政府部门支持现存的GIAHS试点，并呼吁联合国粮农组织在相关的项目计划及资金预算中给予相应的配套资源。

综上所述，我们建议

（1）对GIAHS保护试点应当进行定期监测以保证该系统的可持续性；

（2）后续的GIAHS试点应当注重推动农业文化遗产的保护，并对全球粮食安全和经济发展作出贡献；

（3）应当在各GIAHS试点国家特别是发展中国家全力推进当地的GIAHS动态保护；

（4）现有GIAHS国家应当帮助那些较贫困国家开展GIAHS试点的识别与推荐保护工作；

（5）大力推进发达国家与发展中国家在GIAHS保护试点方面的合作与交流。

联合国粮农组织全球重要农业文化遗产项目秘书处起草，2013年6月11日日本金泽发布。

农业文化遗产保护的罗马会议及其主要成果[①]

1 会议背景和概况

2002年8月，联合国粮农组织（FAO）、联合国开发计划署（UNDP）、全球环境基金（GEF）和联合国大学（UNU）等10余家国际组织以及一些地方政府，共同发起一项旨在保护具有全球重要意义的传统农业系统项目——全球重要农业文化遗产（Globally Important Agricultural Heritage Systems，GIAHS）。该项目以《生物多样性公约》《世界遗产公约》《食品和农业植物遗传资源的保护与可持续利用的全球行动计划》等为基础，目的是建立全球重要农业文化遗产及其有关的自然景观、生物多样性、本土知识和传统文化保护体系，使之成为可持续管理的基础。GIAHS是“农村与其所处环境长期协同进化和动态适应下所形成的独特的土地利用系统和农业景观，这种系统与景观具有丰富的生物多样性，而且可以满足当地社会经济与文化发展的需要，有利于促进区域可持续发展”。

2004年4月该项目正式启动。截至目前，已在6个国家挑选出具有典型性和代表性的5个传统农业系统作为试点。分别是：中国浙江省青田县的稻鱼共生系统，菲律宾伊富高的稻作梯田系统，秘鲁安第斯高原农业系统，智利的智鲁岛屿农业系统和阿尔及利亚、突尼斯的绿洲农业系统。FAO希望通过这些试点项目，开发出一个方法论框架，逐步探索农业文化遗产参与式和“动态保护”的模式。

为更好地探讨项目动态保护的理论框架和运行机制，促进首批项目试点地区之间的沟通和经验交流，FAO组织的“全球重要农业文化遗产国际论坛”于2006年10月24—26日在意大利罗马召开。农业部国际合作司赵立军先生、中

① 本文作者为闵庆文、赵立军、叶明儿，原刊于《地理研究》2007年26卷1期211-212页。

国科学院地理科学与资源研究所自然与文化遗产研究中心副主任闵庆文研究员和浙江省青田县人民政府县长助理叶明儿等三位代表参加了会议。

本次论坛由 GIAHS 项目的协调单位——FAO 可持续发展部农村发展司主办，会议主题为“农业文化遗产：一个关乎未来的遗产”。来自 FAO 及 UNDP、UNESCO、GEF 等国际机构的官员、试点所在国家的代表、相关学术团体与高等院校的专家、部分非政府组织的代表、使馆代表以及媒体代表共 72 人参加了本次论坛。

来自荷兰 ETC 国际集团的 Peter Kieft 博士作了《运用量子物理学对农业文化遗产进行整体性保护》的主题报告。项目总协调人、FAO 农村发展司司长 Parviz Koohafkan 先生对 GIAHS 的科学内涵进行了详细阐述。他指出，由于存在着政策不合理、法律体系不健全、保护激励措施缺乏、农业现代技术应用、生物多样性和地方文化多样性丧失、原生地保护重视不够、社区参与机制不健全、人口压力、文化变迁等多种威胁和挑战，使许多优秀的农业文化遗产濒临灭绝，迫切需要调动全球的力量来对农业文化遗产进行保护。19 位专家和代表围绕 4 个主题（全球重要农业文化遗产——从概念到实践；将农业文化遗产工作纳入全球与国家发展的主流；全球重要农业文化遗产——创新型伙伴关系的建立和资源筹措；通过农业文化遗产项目提高农村社区发展能力）作了大会发言。在会议过程中，与会代表分别就农业文化遗产的科学内涵，首批试点地区取得的经验，建立得到全球、国家和地方认可的“全球重要农业文化遗产名录”，项目执行的多方参与机制与管理框架等问题进行了深入广泛的交流和讨论。与会代表还考察了位于意大利半岛南部的山坡传统柠檬种植园，该柠檬园种植系统是 GIAHS 的备选项目之一。

2　会议成果

（1）就 GIAHS 的科学内涵与动态保护思想达成初步共识。在 3 天的会议中，与会代表围绕 GIAHS 的理论基础、如何应对保护中存在的问题、动态保护机制的建立、发展替代产业的选择等问题进行了充分讨论和交流。一致认为：GIAHS 并非单纯意义上对传统和过去的保护，应该是一个面向未来、具有长远发展空间的项目，在保持生物多样性、发展生态农业、维护农村地区风貌、传承农业文化传统等方面具有十分重要的意义；建立动态保护和管理机制、提高基层社区能力、发展生态旅游、开拓生态农产品市场等是农业文化遗产保护的重要途径。另外，遗产保护并不排斥新技术的应用。

（2）基本确定了GIAHS遗产类型及项目实施方案。会议就建立农业文化遗产类型，项目在全球、国家、地方等不同水平上的执行方案以及项目管理等问题进行了深入讨论。FAO将在这次论坛的基础上，尽快形成GIAHS计划和项目指南，促进GIAHS得到国际广泛认可，促进不同水平（全球、国家和地方）上GIAHS的保护等。FAO表示将与有关国际组织和试点国家一起努力，积极争取GEF赠款支持，并建议有关各国广开渠道，寻求各种可能途径获得资源和支持，尽快开展农业文化遗产保护方面的研究与保护实施工作。

（3）试点地区展示了农业文化遗产保护取得的成果。来自6个试点项目国家的代表向与会者展示了当地的特色农产品和初步的理论研究成果。应FAO邀请，闵庆文研究员作了《中国农业文化遗产保护的国家框架》的大会报告，赵立军先生在分组讨论中作了《中国的稻鱼共生系统及其保护经验》的报告。他们阐述了稻鱼共生系统悠久的历史、丰富的生物多样性、面临的严峻威胁等；介绍了我国自2004年以来所做的一些工作，包括组织项目调研、召开多方参与机制研讨会、对基层人员进行培训、编制保护规划、协助FAO准备GEF项目申报材料等工作；提出了在GIAHS项目启示下开展国家农业文化遗产保护的初步设想。并向与会者散发了《全球重要农业文化遗产保护的多方参与机制》论文集。

3 感受和体会

通过参加本次会议，使我们不仅对GIAHS项目及其动态保护的思想和多方参与机制有了更为深入的理解，而且还了解到其他试点地区在GIAHS保护和管理方面的经验。

（1）中国的农业文化遗产保护对于世界具有重要影响，需要给予高度重视

我国是一个农业大国和农业古国，在悠久的农业发展历史中形成了丰富的农业文化遗产，其中的大多数至今仍具有十分重要的意义。但是，由于受到现代农业的冲击和认识上的误区，许多农业文化遗产已经或正面临着消失的威胁，不仅影响了我国农业生物多样性的保护，还造成了区域生态环境的退化，破坏了区域可持续发展的基础。会议中很多代表对中国丰富的农业文化遗产资源表现出极大的兴趣，甚至是羡慕，认为中国农业文化遗产的保护，不仅对中国，而且对全球农业发展都具有十分重要的意义。

自GIAHS项目启动伊始，我国就积极主动参与，并成功地申请成为第一批项目试点国家，从而为进一步发挥我国在农业文化遗产这一新领域中的作用奠定了良好基础。下一步国内有关部门应当就如下几个方面继续开展工作：

一是按照FAO的要求，尽快完成浙江省青田县稻鱼共生农业文化遗产项目的国家保护框架，成立国家、地方农业文化遗产保护委员会，以指导项目实施和农业文化遗产的保护；

二是按照GIAHS项目计划，未来6年左右的时间里还将陆续在世界各地选出100~150项农业文化遗产，因此我国应积极参与该项目的有关活动，在制定选择标准和原则上争取有利条件，为将来极有可能出台的《全球重要农业文化遗产名录》做好准备，以便使我国有更多项目列入，避免陷入当前我国申报世界自然与文化遗产时遇到的困难局面；

三是以稻鱼共生项目为契机，研究开展国家农业文化遗产（NIAHS）保护项目的可行性，尝试建立我国的农业文化遗产保护体系，为使更多的农业文化遗产类型走向世界提供基础。

（2）积极借鉴国外经验，充分调动地方积极性

由本次会议发现，其他一些试点地区无论在管理还是在研究方面都有值得借鉴的经验。例如，秘鲁、菲律宾等十分强调对于农村社区能力的提高，并在国家、区域和地方三个水平上确定了GIAHS的环境管理需求，今后还将建立专门的法规体系，以保障农业文化遗产的保护，这些经验对于中国建立社区参与机制有较强的借鉴意义。另外，与其他试点地区相比，我们的试点范围较小，其典型性和代表性有所局限，不利于农业文化遗产保护项目的推广，需要适当扩大项目区范围或增加项目示范点。贵州曾经是稻鱼共生项目的申报点之一，为此，建议在贵州增加辅助项目点，这将更有利于在欠发达地区的推广，并取得更好的生态、经济与社会效益。

青田县稻鱼共生系统列入GIAHS试点，备受国际上从事稻鱼研究领域的人士和机构瞩目，作为目前浙江省唯一的世界级遗产项目，地方政府应加大投入，筹建“国际稻鱼共生系统研究与示范中心”，此举不仅有助于该项目顺利实施，而且也可以为世界可持续农业发展作出新的贡献。

青田稻鱼共生系统：中国第一个全球重要农业文化遗产[①]

稻鱼共生，即稻田养鱼，在世界许多国家都有，尤其是东南亚地区。但中国的稻田养鱼历史最为悠久。据考古发掘和历史文献研究证明，至迟在东汉时期，我国已经开始进行稻田养鱼。

稻鱼共生系统是一种典型的生态农业模式。与单一稻作相比，在抑制疟疾发生、保护农业生物多样性、控制病虫、促进碳氮循环和保持水土等方面的功能显著。在这个系统中，水稻为鱼类提供庇荫和有机食物，鱼则发挥耕田除草、松土增肥、提供氧气、吞食害虫等多种功能，这种生态循环大大减少了系统对外部化学物质的依赖，增加了系统的生物多样性。作为一种典型的农田生态系统，水稻、杂草构成了系统的生产者，鱼类、昆虫及其他水生动物如泥鳅、黄鳝等构成了系统的消费者，而细菌和真菌则是分解者。稻鱼共生系统通过“鱼食昆虫杂草—鱼粪肥田”的方式，使系统自身维持正常循环，不需要或很少需要使用化肥农药，保证了农田的生态平衡。另外，稻鱼共生可以增强土壤肥力，实现系统内部废弃物的“资源化”，起到保肥和增肥的作用。分析表明，稻鱼共生系统内磷酸盐含量是水稻单一栽培系统的 1.2 倍，而氨的含量则是单一种植系统的 1.3~6.1 倍。另外，系统中的鱼类还可松土，提高土壤通气性，改善土壤环境。

青田县地处浙江省东南部，瓯江中下游，属亚热带季风气候区，雨水充沛。境内山多地少，素有“九山半水半分田”之称。青田稻田养鱼历史悠久，早在 1 200 多年前，当地居民就开始稻田养鱼。清光绪时期的《青田县志》中有“田鱼，有红、黑、驳数色，土人在稻田及圩池中养之”的记载。至今青田农民还保留“以稻养鱼，以鱼促稻”的传统经验，并培育了地方特有品种“青田田鱼”，它具有食性广、生长快、抗病强、性情温顺、喜集群等特点，其肉嫩味美，鳞软

① 本文作者为闵庆文、吴敏芳，原刊于《农民日报》2013 年 3 月 1 日第 4 版。

可食。

千余年的发展形成了独具特色的青田稻鱼文化，不仅蕴含丰富的传统农业知识、多样的稻鱼品种和传统农业技术，还形成了独具特色的民俗文化、节庆文化和饮食文化。村里女儿出嫁，有田鱼（鱼种）作嫁妆的习俗；著名的民间传统艺术表演——鱼灯舞被列入国家级非物质文化遗产；田鱼干炒粉干等是享誉海内外的美味佳肴。

农业文化遗产授牌村是方山乡的龙现村，位于青田县城西南部，距县城 20 千米，背依奇云山，与瑞安市芳庄乡、瓯海区泽雅乡交界，由街路头、龙现两个自然村组成，237 户 830 多人。龙现村四面环山，村中人家房屋多是依山而建，就水而筑。村人就地取材，以石块垒墙，形成特色鲜明的石木结构庭院，至今还保留着 20 多处古民居，古色古香，富有历史感。

龙现村有农田 400 多亩，水塘 140 多个，山清水秀，具有得天独厚的稻田养鱼优势。这个神奇的小山村，房前屋后、田间地头，凡是有水之处，如稻田、水渠、水沟、水池、水潭等都在养殖田鱼，有塘就有水，有水则有鱼，田鱼当家禽，整个村庄就是一个田鱼乐园，成为青田县的一道亮丽风景。清朝年间青田诗人徐容丛的《咏田鱼》是稻鱼共生农业生态景观的真实写照：

一升麦子掉鱼苗，
红黑数来共百条；
早稻花时鱼正长，
烹鲜最好辣番椒。

联合国粮农组织于 2005 年 6 月将青田稻鱼共生系统列为首批全球重要农业文化遗产保护试点，这也是中国第一个全球重要农业文化遗产。

红河哈尼稻作梯田系统：延续 1 300 年的农业生态与文化景观①

云南省红河州是哈尼梯田的“故乡”，也是梯田文化重要的发源地之一。哈尼梯田是以哈尼族为主的红河州各族人民倾注了数十代的智慧与心力，历经 1 300 多年开垦而成的农业生态与文化景观，不仅是一幅气势恢宏的农耕山水画卷，更是世界农耕文明的典范和宝贵遗产。在近年的大旱面前，哈尼梯田依然保持了青山绿水，保障着农田灌溉用水，充分展现了它的神奇魅力。2010 年 6 月，红河哈尼稻作梯田系统被联合国粮农组织列为全球重要农业文化遗产保护试点；2013 年 6 月，元阳哈尼梯田被联合国教科文组织列为世界文化遗产。

哈尼梯田主要分布在云南红河南岸的哀牢山脉，被称为“凝望山神的脸谱”。整个红河两岸，凡有哈尼人的地方都有规模巨大的梯田，而尤以红河州的最为集中和壮观，主要分布在元阳、红河、绿春、金平四县。含蓄的山谷因梯田粼粼波光凸显生动，梯田的色彩变幻与村寨、树林、云海交相辉映，清晨朝霞、落日余晖、清脆流水，其境其景，异常秀美。哈尼梯田延绵哀牢山脉 80 多万亩，垂直落差 1 500 多米；层层梯田拾级而上，最高可达 5 000 多级，有的田埂有五六米高。1 300 年来，哈尼族人利用独特的气候地理条件，实现了“山有多高，水有多高”的水源体系，并且世世代代在这样险峻的山崖间开渠挖田，攀缘劳作，堪称人间奇迹，被誉为“活态农业文化遗产”。

“四度同构”成为复合农业生态系统。红河哈尼梯田的魅力不仅在其表，更在其里。哈尼人是山地农业民族，是大山的后代，在拥有自己生存家园的同时，还拥有自己的精神王国，巧妙利用山地气候和水土资源，凸显其高超的智慧和能力。其利用土地资源，并充分考虑自然地理条件，开创出了一套独具特色的复合农业生态系统。山腰气候温和，冬暖夏凉，宜于建村，适于人居住；而村寨上方

---

① 本文作者为闵庆文、刘珊，原刊于《农民日报》2013 年 4 月 12 日第 4 版。

茂密的森林，有利于水源涵养，使山泉、溪涧长年有水，使人畜用水和梯田灌溉都有保障。村下开垦万丘梯田，既便于引水灌溉，满足水稻生长，又利于从村里运送人畜粪便施于田间。梯田的建造完全顺应等高线，既减少了动用土方，又防止了水土流失。森林—村寨—梯田—溪流“四度同构”的结构创造了人与自然的高度融合，体现了结构合理、功能完备、价值多样、自我调节能力强劲的复合农业特征。

在“四度同构”的体系中，森林的作用至关重要。哈尼人信奉有树才有水，有水才有田，有田才有粮。由此，在哈尼人心中，树就是庇护神，神圣不可侵犯。行走梯田间，不见水库、水塘，但是水流汩汩，长年不断。其森林的巨大储水作用，在森林和崇山峻岭的管沟中，形成无数的山泉、水潭、溪流。

文化与生物多样性形成活态的生态博物馆。千百年来，劳动人民在农业生产过程中，创造了独具特色的农耕技术和相应的文化习俗，形成了系统的文化现象和独特的农业生产方式，使得这一文化遗产长期以农业这一经济活动保持着生态和社会文化价值。哈尼人培育的红米能够在海拔 1 400 米以上生长，能够适应气候变化和自然灾害，且具有极为稳定的遗传特征。哈尼梯田合理的林水结构、分水制度、泡田方法和以水冲肥技术等，均成为有效保护和合理利用水资源的技术与管理策略。而其因时、因地制宜的适应性管理理念，使当地生产与生活方式随历史的发展而不断变化，但这种变化并非脱离自身资源与环境基础的变化，而是与自然协同的进化。

哈尼梯田凭借其令人惊叹的生态文化景观，丰富的生物多样性、巧夺天工的农耕技术、科学合理的系统结构，不但为人地矛盾尖锐的西南山区提供了生计保障，将劳动人民长期以来适应自然的生态文化成就集以大成，更加难能可贵的是，哈尼梯田以水资源管理为核心的技术体系，为当今社会人们应对气候变化，缓解水、土、森林资源危机提供了宝贵的经验和启示。

哈尼梯田：农业、生态、文化复合系统①

在我国云南省南部，红河南岸的哀牢山与无量山的深山之中，壮阔的梯田改造了大山的形貌。哈尼族、彝族先民为躲避战乱，自蜀地南迁，进入亚热带的群山之中，建立哈尼大寨，并开始在周边开垦梯田。经过艰苦卓绝的人工改造，哈尼梯田形成了今日自上而下“森林—村落—梯田—水系”四度同构的景观结构，也流传下一套适应地方农事节气等自然地理特征的传统知识和文化体系。今天，仅在红河南岸的红河、元阳、绿春和金平 4 县境内，哈尼梯田分布总面积就达 82 万亩，哺育着境内哈尼、彝、汉、瑶、傣等各族居民。规模宏大的梯田分布在低纬度海拔 700 米到 2 000 米的山区，最高级数达 5 000 级左右，坡度最高达 75 度。人文与自然景观互相交融，使哈尼梯田具有极高的美学价值、生态价值、文化价值和对当地社区的生计维持具有重要意义的独特的经济价值，形成了农业生产、生态与文化完美结合的复合系统。正因为如此，2010 年它成功入选了全球重要农业文化遗产保护试点；2013 年又入选首批中国重要农业文化遗产。

1　作为农业生产系统的哈尼梯田

（1）农业品种资源

在长期的农业生产实践过程中，哈尼梯田形成了各自不同的生态适应性的地方品种，这些资源不但保证了梯田的可持续生产，而且作为遗传基因库具有巨大的潜在利用价值。据调查，哈尼梯田历史上至少曾种植过几百种水稻品种，现在种植在梯田中的水稻混种就有 195 个。其中，仍在种植多处于濒危状态的传统品种就有 48 种。这些品种一般是红米、紫米和糯米，它们的含有丰富的铁和其他营养元素。云南农业大学朱有勇院士团队在哈尼梯田地区的研究表明，这些经过长期耕种、筛选和品质鉴定的传统稻米品种，采用传统方式种植，不施用化肥

① 本文作者闵庆文、袁正、何露，原刊于《中国文化遗产》2013 年第 3 期 10-16 页。

农药，其等位基因比现代品种平均高 3.18 倍，基因多样性丰度高，且抗病、抗旱、耐瘠基因丰富，在产量和抗病性上都表现出较强的稳定性。如传统稻作品种“Acuce”从 1891 年至今没有发生性状的改变，其基因功能和基因多样性与当地栽培的杂交稻相比更高。根据过去 30 余年的记录，这一品种产量稳定，没有病虫害流行记录。

（2）多样性种植与多样性产品

由于人地关系紧张，当地农民必须高效地利用有限的资源，采取多样性种植，以便获取丰富多样的产品。他们因地制宜，在海拔 700 米到 2 000 米的山坡上，水源充足的地方集中种植水稻，而旱地种植玉米、小麦、木薯等。在低海拔和高海拔的坡地上，则分布着甘蔗、茶和水果等经济作物。山顶的森林也能提供木材和薪柴，以及大量的可食用的林下产品。不仅如此，农民们还智慧地在常年灌溉的梯田中放养着鸭和各种鱼类，在田埂上种植棕榈、茶、黄豆、南瓜等作物。为节约土地，在村寨中，每一家的房前屋后都种植着多种多样的蔬菜来满足日常生活的需求，甚至还将薄荷、丕菜、辣椒等用盆或袋子种植在屋顶。此外，农户还养殖水牛、猪、鸡、鸭子等家禽牲畜。这些琳琅满目的产品，为当地社区提供了丰足的食物，也保障了他们的营养和生计。

（3）水资源管理

水是梯田的灵魂。为更好地实现生态系统的保护并保障生产，哈尼人对于水资源资源有着一套传承千年且行之有效的传统管理方式。他们通过开挖水沟，截住高山森林中的流水和山里渗出的泉水来灌溉梯田。除蓄水引水作用外，水沟还可将其携带的泥沙在进入梯田之前沉积下来，避免了由于泥沙不断淤积带来的梯田面不断升高的状况发生。同时，他们采用“木刻分水”“石刻分水”和沟口分配的方式，依据田块的大小，按比例分配水资源。水沟的管理和水资源的分配由“沟长”负责。哈尼人遵循着这些传统的技术和乡规民约，保障了农户用水的公平，也保证了不同季节中充足的生活用水和灌溉用水。同时，哈尼人还利用沟渠流经村寨的有利条件，在各家各户的下方建起了水碾、水碓、水磨等生活设施，巧妙地运用水力资源为生产和生活带来各种便利。

（4）土壤肥力维持

哈尼族居民利用村寨在上、梯田在下的地理优势，发明了“水力冲肥法”。水力冲肥法是将农家肥积攒起来，利用雨水或人工积蓄的池塘水，通过引灌将肥料冲入田中的做法。这种施肥方法不仅节约了施肥过程中可能消耗的能源和电

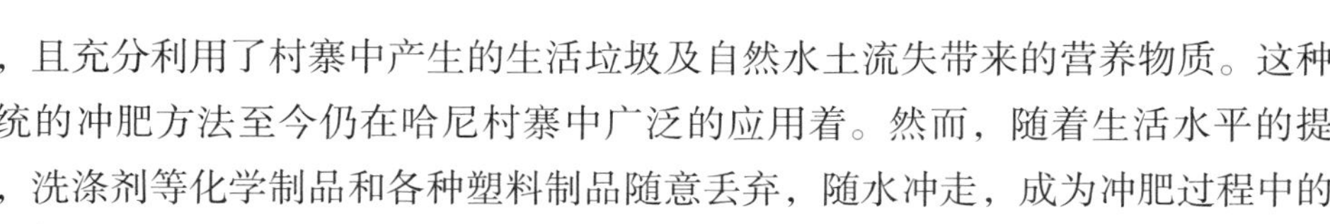

力，且充分利用了村寨中产生的生活垃圾及自然水土流失带来的营养物质。这种传统的冲肥方法至今仍在哈尼村寨中广泛的应用着。然而，随着生活水平的提高，洗涤剂等化学制品和各种塑料制品随意丢弃，随水冲走，成为冲肥过程中的新成员，灌溉和饮用水污染和村庄环境问题开始显现。同时，农民为追求产量不合理的使用化肥的现象时有发生，对土地的维持带来挑战。

2　作为农业生态系统的哈尼梯田

（1）多样性栽培的生态效益

多样性的栽培不仅带来了丰富的产品，也发挥了良好的生态效益。多样性的稻作品种保留了传统的基因多样性，同时因生物间的互利共生作用可有效地控制稻瘟病，提高产量。多样性的种植还充分地利用了土地，提高土地利用效率10%~15%。研究表明，田中的鱼、鸭等生物能够有效地控制杂草，并降低水稻虫害发生的概率，提高水稻根系活力和结实率。不同品种的间作、共作和轮作，往往依据地区水、土、阳光的状况，合理地选择作物品种，更为充分地利用有限的土地资源、肥料和光能，获得更高的生物量；同时，也能有效地防御风灾，调节水量，为畜禽和鱼类提供养料和饲料，使农民获得多样化的收益。

（2）生物多样性

哈尼梯田位于世界上生物多样性保护的热点地区之中。据不完全统计，哈尼梯田地区有野生种子植物 5 667 种，野生动物 689 种，是野生动植物十分丰富的地区。加之传统种植作物、养殖畜禽和鱼类品种和林下的种植菌类的，更加提高了区内的遗传多样性。这些种类繁多的生物，是哈尼梯田生态系统的基本构成，是农民生计的基本来源和文化的基础。其合作、竞争、共生的生物间关系，对于维持系统稳定有着重要的意义。

（3）景观结构与功能

哈尼稻作梯田自上而下呈现出森林—村寨—梯田—水系四度同构的景观结构。以中山常绿阔叶林为主的森林植被截留了降水，将水分储存在林木根部的土壤中，形成一个天然的水库。村寨消费了系统提供的各种资源，同时为系统提供劳动力和人工管理的智慧。农田消耗水分和养分，从而提供谷物、鱼、蔬菜和水果等多种产品，是食物生产的主要部门。河流水系则汇集了农田中多余的水分，并提供了水力资源。这种景观结构不但保障了水分的循环，还具有多种生态系统服务功能。研究表明，哈尼梯田在水土保持、调节气候、蓄水调洪和净化水质等方面有明显的作用。同时，梯田生态系统还有固碳、释氧，调节区域气候，抑尘、滞尘、吸收有毒气体，杀菌、减少噪声、释放有益健康的空气负离子等空气净化功能。虽然水稻田也造成一定的温室气体排放，但梯田地区低密度的人口和低强度的社会消费在一定程度上消减了水稻种植对气候带来的影响，使区域温湿环境在较长的时间内保持稳定。

3 作为农业文化系统的哈尼梯田

（1）民俗文化

梯田稻作文化是哈尼族传统文化的基础，也是哈尼族族群认同的根本，是哈尼文化的载体和灵魂。与梯田农耕相关的民俗文化体现在哈尼人衣食住行的各个方面，代表性的是其农耕历法与知识体系。哈尼族历史上无文字，其先民积累了大量关于自然、动植物、生产生活的技能和经验，通过总结提炼，形成一套完整的农业生产生活和民间文化知识体系。“四季生产调”就是以通俗易懂的歌谣传承至今的传统知识集成，它完整地再现了哈尼族的劳动生产程序和生活风俗画面、哈尼梯田农耕生产技术和独特生活习俗。哈尼族的农事历则是以自然物候变化为基础、符合当地的农事活动的民族历法。

在长期与自然相谐的劳作中，哈尼族人还创造了多声部民歌和舞蹈。这些民间歌舞多产生于社会生产尤其是梯田农耕的过程中，现在仍在梯田地区流传。这些歌颂劳动、赞美爱情、崇敬自然的歌舞，是弥足珍贵的文化遗产。2006 年，哈尼族多声部民歌就被列入第一批国家级非物质文化遗产名录。

（2）禁忌和崇拜

哈尼人崇拜自然，认为山川树木都具有灵性。他们崇拜山神，将树看作保佑平安的神灵，并由此产生一系列禁忌与仪式活动。这些禁忌和崇拜多存在于哈尼梯田农耕祭祀活动、节日庆典活动和哈尼人的人生礼仪中，如开秧门、祭田坝、叫谷魂、祭谷仓和哈尼族盛大的六月年、十月年，哈尼人的出生礼、婚礼与葬礼中，都包含着对稻谷、天地、自然的祭祀。

哈尼村寨还有不同类型的“神树林”，这些神树林是哈尼人的圣洁之地，绝对禁止砍伐、打猎甚至不能随意行走其中。“寨神林”就是其中的代表。在哈尼族村寨中，每年要在“寨神林”中举行两次祈求村寨平安、梯田丰产、六畜兴旺的“祭龙”活动。祭龙活动要求全民参与，这种仪式和庆典为村民提供了交流的平台，也将传统的价值观和文化表现形式有效地传承下来。这些自然崇拜和祭祀树神的宗教活动和民俗禁忌约束了人们在寨神林等生态林地的行为，对森林的保护有着十分积极的意义。

（3）乡规民约

乡规民约是哈尼梯田地区长久以来形成的传统规约体系，各村寨都有自己的规约。哈尼人的崇尚自然基本生态观，水土、森林资源的基本分配方式，价值观念和道德观念都在这些传统中得以体现。如前面提到过的水资源的分配，神山林的保护，以及禁止偷盗等往往都在乡规民约中有所规定。今天，我们依然能够在哈尼梯田所在的村寨看到这些传统的规约，它们是一个无形的道德规范，有力地约束着哈尼人，引导他们尊重传统、尊重自然。

（4）美学价值

哈尼梯田具有极高的美学价值。它层次分明，大气磅礴，精巧灵动，是人与自然和谐共生的完美写照，激发了无数的摄影、绘画、文学爱好者和艺术创造者们灵感，也成为丰富的旅游资源。

农田随山而建，线条流畅优美，勾勒出大地上的层层等高线。多云雾的山间气候使得景观若隐若现，犹如仙境。日出日落，四季变化，更是赋予了梯田不同的光影和色彩。走进梯田，农民的辛勤和智慧在细节中得以体现。浓厚的民族风情、节庆、歌舞、禁忌和崇拜、服饰、礼仪乃至于日常的生产活动，无处不显现出淳朴而独特的美感。

和一般的世界自然与文化遗产有所不同，农业文化遗产是一项活态的、动态的、复合的遗产类型，是基于传统的、鲜活的农业生产系统、农业生态系统和农业文化系统的综合体。因此，其保护不是简单地停留于过去，而是更需要放眼于未来。今天，全球气候变化造成春旱缺水已经连续 4 年，对梯田局部地区造成威胁；由于森林结构和面积发生变化引起蓄水能力下降，雨季强降雨造成的泥石流灾害频发滑坡倒埂日益严重；不恰当的引进外来物种（如小龙虾等），以及青壮年劳动力的外流；和随着掌握传统知识的老者陆续去世，口耳相传的哈尼族传统文化不断丢失。哈尼梯田正面临着以后谁来种、如何种的生存问题。

农业文化遗产提倡遵循动态保护的原则、建立多方参与的机制，通过生态农业的发展、可持续旅游业的发展以及建立生态和文化补偿机制等途径，将生产发展与生态保护、文化传承相结合，增加农民收入，增强全社会对于农业文化遗产的认识和保护意识，改善哈尼梯田种植者们的生活，留住山里的人们，才能使哈尼梯田走出困境，进入可持续发展的轨道。

哈尼梯田是农业文化遗产的典型代表①

哈尼梯田是世界农业文化遗产的典型代表，至少体现在下面六个方面。

一是悠久的历史渊源。根据当地哈尼族民间文学和族谱等记载，以及全福庄现存的已传45代的“石刻分水”实物推算，至少自唐代初期，受战争影响迁徙来此地定居的哈尼族先民就开始选择海拔1 000~1 500米的山坡地建设村寨，开垦梯田。这些被称为“大地雕塑”的梯田持续至今仍然继续为当地哈尼族、彝族等少数民族所使用并不断发展。

二是合理的景观结构。哈尼梯田在空间上形成了森林—村寨—梯田—水系“四度同构”的景观生态特征，并形成了系统内独特的能量流动和物质循环，特别是以水为核心的物质循环系统。这种空间结构具有保持水土、调节气候、保障村寨安全、维持系统稳定性和系统自净能力等生态功能，同时还具有高度的美学价值。

三是独特的稻作技术。哈尼族人根据不同海拔高度上光、水、热条件的差异，采用不同的株行距，以保证水稻较高的产出。水稻生产过程中以农家肥为主要肥料，利用长年不断的流水，在进行稻谷生产的同时，有效利用现有的水土资源进行稻田养鱼、养鸭，不仅节约水面，而且还起到了除草、捕虫、施肥等作用。除此之外，鸭群每天日夜不停地啄动水稻根部和土壤，还直接促进了稻田养分物质的循环。

四是丰富的生物多样性。一方面哈尼梯田种植的水稻具有很高的品种多样性，据调查，当地有水稻品种195个，现存的地方水稻品种有48种。哈尼梯田地区传统的水稻品种，是经过长期耕种、筛选的优良品种，具有产量稳定、抗病耐瘠、适应低纬度高海拔环境。另一方面梯田中其他农业生物的种类也非常丰富，包括各种鱼类、螺蛳、黄鳝、泥鳅等水生动物，以及浮萍、莲藕等水生植

① 本文原刊于《世界遗产》2012年2期77页。

物，田埂上天然生长的水芹菜、车前草、鱼腥草等野生草本植物等。另外，因为梯田周边的森林保育良好，哈尼梯田系统及其附近动植物资源也极为丰富。

五是有效的资源管理手段。哈尼族通过水沟进行水资源的分配与统一管理，同时利用沟渠流经村寨的有利条件，充分利用水资源；利用村寨在上、梯田在下的地理优势，发明了水力冲肥法，不仅节约了施肥过程中可能消耗的能源，又充分利用了村寨中产生的生活垃圾及自然水土流失带来的营养物质。木刻分水、石刻分水和沟口分配等独特的水量分配方式，有效解决了水资源的分配方式。

哈尼梯田地区人们采用各种形式的集约型土地利用方式：在高山森林区，利用林下阴湿的环境种植草果等喜阴的经济植物，达到一地多用、增加收益的经济效果；在中半山的荒山坡地种植包谷、荞子、薯类等作物，在村寨周围、房前屋后种植桃、梨等水果和蔬菜；在下半山及河谷地带种植香蕉、菠萝等热带亚热带经济林果。

森林是梯田的“天然水库”，对区域生态系统的稳定性和持续性起到了至关重要的作用。哈尼族人根据不同的功能划分林区，特别是对于祭祀、维护村寨和保护环境等功能的林区管理十分严格，通过自然崇拜和一系列祭祀树神的宗教活动来进行约束。

六是厚重的传统知识与文化。梯田稻作文化是哈尼族传统文化的宝贵财富，梯田是哈尼族族群认同的根本，是哈尼文化的载体和灵魂。哈尼族的节庆活动与梯田稻作生产也密切相关。例如哈尼四季生产调就因其完整地展现了哈尼族的劳动生产程序和生活风俗画面、梯田农耕生产技术和独特生活习俗，而成为国家级非物质文化遗产。

正是因为上述特点，使哈尼梯田成为结构合理、功能完备、价值多样、自我调节能力强的山地生态农业的典范。

从生态文明角度认识哈尼梯田[1]

我国西南丘陵地区地形复杂，以山地丘陵为主，降雨充沛，山河相间。梯田就是勤劳智慧的先民们在这种复杂的地形和独特的气候条件下认识自然、适应自然和利用自然的过程中形成的独特的农业景观。梯田因修筑在山区、丘陵区坡地上，呈高度不等、形状不规则的田块，上下连接，像阶梯一般，故名。哈尼梯田是其中的典型代表。哈尼梯田是以哈尼族为主体开垦的梯田，位于我国云南省红河南岸的红河、元阳、绿春及金平等县，分布总面积达 82 万亩。

据研究，关于哈尼梯田的起源，说法不一，至迟在宋末元初之时，哈尼族、彝族先民为躲避战乱，自蜀地南迁，进入亚热带的群山之中，建立了哈尼大寨，并开始在周边开垦梯田。经过长期的人与自然的相互作用，形成了以森林—村落—梯田—水系“四度同构”为主要特征的农业生态系统，以及包括农耕技术、传统生态知识和民俗文化等在内的独具特色的哈尼农业文化。

哈尼梯田地区森林—村落—梯田—水系“四度同构”的农业生态系统创造了人与自然的相互融合。地形、气候、植被和农耕技术的完美组合，使哈尼梯田具有极高的美学价值、生态价值、文化价值和经济价值。正因为如此，红河哈尼梯田及其相关的文化获得了众多荣誉，如国家级自然保护区（2003）、第一批国家级非物质文化遗产（2006）、国家湿地公园（2007）、全球重要农业文化遗产保护试点（2010）、首批中国重要农业文化遗产（2013）、世界文化遗产（2013）。哈尼梯田具备结构合理、功能完备、价值多样、自我调节能力强的复合农业特征，是一种值得深入研究和推广的农村生态文明模式。

---

① 本文依据闵庆文、曹智、袁正发表的“哈尼稻作梯田系统——一种典型的农业生态文明模式”（原刊于《中国乡镇企业》2013 年第 9 期 87–90 页）一文删减而成。

1　从生态文化内涵看哈尼梯田

生态文化是生态文明的文化建设内容，指生态保护意识深入到生活、生产的各个方面，“尊重自然、顺应自然和保护自然”的理念深入人心。哈尼梯田的生态文化体现在与水资源管理和森林资源管理有关的理念、制度和行为。

水对水稻种植至关重要，水资源管理举足轻重。为了实现水资源合理利用以保障农业生产，哈尼人发明了独特的“木刻分水”“石刻分水”和沟口分配的水量分配方式和管理水资源分配的沟长制度。水量分配依据田块面积和沟水水量，以在水沟分界处放置留有不同大小出水口的横木或石头的方法控制水资源分配比例，因此称为“木刻分水”“石刻分水”和沟口分配。这种水量分配方式既可以使高海拔稻田水量适度，又能保证低海拔稻田有足够的灌溉用水。

沟长制度是保证分水顺利进行的分水保障制度。沟长往往是寨子里德高望重的人，他们获得大家的信任，公平地分配水量和调节水资源利用纠纷。沟长也负责组织人们疏通和开挖水沟。水沟的管理也有明确的规定，如在已经开挖的集体水沟上方不可以再开挖水沟，只能在其下方开挖水沟，因为开挖的新水沟会截住旧水沟的水流。

森林具有涵养水源的作用，是山腰村寨和寨脚梯田的“天然水库”，对于村寨生存和生产稳定持续具有关键作用，因此哈尼族形成了崇拜树木的民俗文化和与树木有关的乡规民约。哈尼人尊崇树，认为树是保佑他们平安的神灵，砍伐它们就会遭到报应，并且出现了崇拜树神的祭祀活动。哈尼人还形成了对森林进行分类管理的制度，并通过乡规民约来保障。对经济林木和用材林实行适时封育、定期开放和开发，对其他维护村寨安全和环境保护的林木，如防风防火林，实行绝对的保护，一般不能进入林区进行伐木和樵采，违反者将受到严惩，特别是“寨神林”。在哈尼族的民族文化观念中，“神树”和“神林”是圣洁的，平时人不能在“神林”里打猎行走，更不允许在其中放养牛马牲畜，也不能砍、不能用作薪柴，即使树木枯死也不行。哈尼人对森林的崇拜和保护，有效地保护了当地的森林资源，保障生活用水和灌溉用水，防止水土流失。

文化由物态文化、制度文化、行为文化和心态文化 4 个层面构成。哈尼梯田水资源管理制度、对森林的崇拜等民风民俗体现了生态文化制度和行为层面的内容，这些制度、民风民俗和乡规民约影响着哈尼人的行为和思想，使之融入到了文化的其他层面，在文化的各个层面都体现着生态文化的内容。

2 从生态产业发展看哈尼梯田

生态产业是生态文明建设的重要内容，指生产实现低耗、减排和提升的目标。哈尼梯田地区的生态产业体现在扎实做好生态农业，并以农业为基础，延长和扩展生态产业链。

（1）多样化种植和种养结合的生态农业

生态适应性地方品种优良多样。据调查，哈尼梯田现存地方水稻品种 48 种。这些品种是经过长期耕种、筛选的优良品种，具有抗病、抗旱、耐瘠、质优等优点，能够减少化肥农药投入，从而减轻对环境的影响，提高农产品质量。研究表明，哈尼族世代种植的传统稻作品种“Acuce”至少自公元 1891 年至今未发生变异，并具有产量稳定、抗病性强的特点。

多样化种植方式低耗高效。哈尼人的多样化种植习惯包括稻作品种多样化种植和多种作物多样化种植两类。不同特性的稻作品种混合间作对稻瘟病控制和作物增产效果明显，水稻品种间作与单一种植相比产量提高 89%，发病率减少 94%。作物的多样化种植，能够增加农田的遗传多样性，保持农田生态系统的稳定性；创造有利于作物生长、而不利于病害发生的田间微生态环境；有效地减轻植物病害的危害，大幅度减少化学农药的施用和环境污染，提高农产品的品质和产量；充分利用土地和阳光，提高土地利用效率。

种养结合效益明显。哈尼人习惯在稻田里放养鱼苗和鸭子，稻田养鱼养鸭不仅不占水面，鱼鸭的捕食、游动行为和排泄的粪便还起到了除草、捕虫、施肥等作用。除此之外，鸭群啄动水稻根部和土壤，直接促进了稻田养分的循环，既可使水稻丰产，又能有效减少化肥农药使用，提高鱼鸭和稻米品质。据在黔东南地区的研究，稻—鱼—鸭农作方式显著降低了田间杂草的发生密度，对稻田杂草、鸭舌草、节节菜等的抑制效果达到 100%，总体抑制效果显著优于其他的稻作方式；稻—鱼—鸭系统的稻飞虱、稻纵卷叶螟虫量较水稻单作明显减少；稻—鱼农作方式的蜘蛛数量最高；稻—鱼—鸭系统的抗稻瘟病性最好。

（2）以农业为基础，延长扩展生态产业链

除了种植水稻，哈尼人在适宜的海拔和地区种植甘蔗、茶、水果，在田埂上种植棕榈，加上优质的稻米和鱼鸭，农产品丰富多样。依托丰富的农产品，哈尼梯田地区形成了制糖、棕榈床垫、哈尼红米、哈尼稻鱼等龙头产品，以“全球重要农业文化遗产保护试点”等国际荣誉打造哈尼红米、哈尼稻鱼等有机产品品

牌，提升了农产品附加值，带动了农业和农村发展。农产品加工业以循环经济的理念指导，利用加工废物发展养殖业，减少了废弃物排放。

依托美丽的自然风光、独特的民族特色以及“全球重要农业文化遗产保护试点”等国际荣誉，哈尼梯田地区以“集历史文化、民族风情文化和自然生态景观为一体”，着力打造生态旅游品牌。在发展旅游的同时，注重村落原始风貌和梯田景观的维护和保持，以保证旅游业持续发展。

3 从生态环境保护看哈尼梯田

生态环境是生态文明建设重要的方面，是指水土大气环境健康，景色优美，适宜居住。哈尼梯田地区的生态环境体现在健康的水土气环境、良好的生物多样性和优美壮丽的生态景观。

（1）健康的水土气环境

哈尼梯田森林—村寨—梯田—水系“四度同构”空间结构保障了水分循环，同时，森林含蓄的水经过土壤、植被的过滤作用保障人畜用水安全；含有生活废弃物的水流经梯田，也起到对水质的净化作用，最终只有不带泥沙的少污染的水流入沟谷中的江河。梯田沿等高线修筑，山头森林覆盖，减少了水土流失。哈尼梯田的多样化种植减少了农药化肥的使用，避免水土污染。森林和农田具有抑尘滞尘，吸收有毒气体、杀菌、减少噪声、释放有益健康的空气负离子等空气净化作用，保障村寨空气清新。

（2）丰富的生物多样性

生物多样性与人类的生活和福祉密切相关，对生态系统稳定性具有积极的作用。稻田生态系统是一类人工“湿地”，是许多野生生物的栖息所和避难所，生物多样性十分丰富。据调查，哈尼梯田系统及其附近动植物资源极为丰富，有野生种子植物 5 667 种。其中，裸子植物 29 种，被子植物 5 648 种；野生动物 689 种，其中兽类 112 种，10 亚种，两栖类 56 种，爬行类 71 种。

（3）优美的生态景观

哈尼梯田的美体现在规模美、格局美和分形美。哈尼梯田占据大部分甚至整个山坡，坡度在 15~75 度，最高级数达 5 000 级左右，规模宏大，给人以震撼。哈尼梯田形成了“林—寨—田—水”垂直分布的空间结构，但各部分没有明确的界线，林中有田、田中有寨、寨中有林，人与自然相互融合。分形美是把层次嵌套的自相似性与无规则性、破碎性、混乱性有机地结合起来的一种“既复且杂”的美，田块大小不一、形状各异，田埂线条错落有致，顺着山势，层层叠叠，宛如天梯。

哈尼梯田作为我国西南山地农业生态系统的典型代表，从文化、产业和环境三个方面看符合生态文明的内涵，是一种典型的农村生态文明模式。哈尼梯田之所以存在了 1 300 多年，必定有很多值得发现和研究的秘密，应该从生态系统、社会经济系统等角度进一步研究哈尼梯田稳定性的原因。同时，哈尼人的自然崇拜、耕作技术和产业发展模式对其他地区生态文明建设也具有启示意义，需要也应该研究其适宜性，把这种人与自然和谐的理念进一步推广到其他地区。

万年稻作文化系统：稻作之源稻香万年①

农业物种资源是保障粮食安全的重要战略物资，保护它就是保护人类的“饭碗”。然而，这些与人类生存发展息息相关的农业物种资源，正在从地球上大量消失。联合国粮农组织提供的数字触目惊心：从20世纪初至20世纪末，全球约有75%的农业物种消失，现在每年仍有成千甚至上万农业物种消失。

中国是世界上主要农作物起源中心之一，全国有农作物及其野生近缘植物达数千种，其中栽培物种约1 200种，农作物种质资源数量位居世界前列。中国是世界稻作文化起源地。经过漫长的历史岁月，水稻不仅成为全球最重要、种植最广泛的粮食作物，养育了全世界一半以上的人口，同时它也承载了上万年的人类文明。

位于江西省东北部、鄱阳湖东南岸的万年县，素有“鱼米之乡”的美称。在县城东北大源镇四面高山环拱的仙人洞内发现了10 000年前栽培稻植硅石标本，这一发现为证明中国是世界稻作起源地提供了极为重要的科学证据，万年也因此被考古界认为是世界稻作起源地之一，这一重大考古发现被评为中国20世纪100项考古发现之一。

在万年附近的东乡县有一片野生稻，这是目前世界上分布最北的普通野生稻。这片野生稻的发现，不仅为证明赣鄱地区是中国乃至世界的稻作起源中心区提供了有力证据，同时也为研究我国乃至世界的稻作起源提供了宝贵的生物材料。此外，这些稻种集中了栽培稻不具备的特质，由于处在各种灾害的环境下，东乡野生稻蕴含丰富的抗病虫害基因和极强的耐寒基因，对研究稻种起源、演化和今后水稻杂交优势利用具有非常重要的意义。

在万年县裴梅镇荷桥村，至今还种植着一种质地独特的稻米，即“万年贡谷”。万年贡谷原名“坞源早”，是先民经过数千年精心培育的一个地方晚籼优质

① 本文作者为闵庆文、何露，原刊于《农民日报》2013年5月3日第4版。

稻良种。据史料记载：相传南北朝时期，原产于归桂乡（今裴梅镇荷桥、龙港）一带的稻米就已是万年的名特产之一。据说明朝开国皇帝朱元璋传旨要“代代耕种，岁岁纳贡”，万年稻米也因此得“贡谷”美名。

万年贡谷具有不可移植性。据专家考证，这是万年贡谷生长要求水土含有多种矿物质、山高垅深日照少、泉流地温变异等特殊的自然环境使然。从形态特征看，万年贡谷可能是古人不断从生产实践中逐渐选育而成，是带有显著野生稻特性的原始栽培稻品种。万年贡谷作为原始的栽培稻，也有专家认为是栽培的野生稻，是人类保留下来较早的栽培稻之一，同相隔不远的东乡发现的世界最北的普通野生稻一样，其蕴藏着丰富的抗病虫、抗逆境的基因及其他有利基因，特别是万年贡谷的耐瘠性是其他栽培稻中不多见的。

贡谷生长在山垅中，山上流下的山泉带着树木的凋谢物以及土壤中的矿物质常年灌溉农田，为贡谷的生长提供营养。如果要保证贡米的正常生长，就必须保护好山林，这样才能有山泉常流。因此在贡谷所生长的农林生态系统中，不但保留了独特的物种和丰富的生物多样性，而且还形成了高效的水资源利用和良好的水土保持技术体系。

万年人对水稻生产有着深厚的感情。在稻作生产过程中，万年人就发明了放红绿萍选田、打桩排泉、扎草人拒鸟、油茶籽壳磨粉防虫等水稻栽培管理方法，其中扎草人拒鸟这一传统做法今天仍可在一些山区找到它的踪影。目前万年很多地方还保留着“敬老有福，敬土有谷”“开秧门”“祭谷王”等农耕信仰，这些信仰在维系农耕社会秩序，净化人们心灵，保护自然环境等方面都发挥了重要作用。

万年的农民往往借物候预告农事，如当地流传有“懵里懵懂，嵌社浸种”“清明前后，撒谷种豆”“小暑小割，大暑大割”等。而在长期辛苦的水稻耕作实践中，还形成了不少歌谣和一些农事号子，都充分体现着浓郁的万年地方特色稻作文化。

万年仙人洞发现的古栽培稻、东乡野生稻和荷桥贡米及万年现代水稻生产一起形成了野生稻—人工栽培野生稻—栽培稻这一稻作文化系统完整的演化链，对于保护农业物种资源、研究稻作文化历史、服务现代水稻生产均具有重要意义。

2010 年 6 月，江西“万年稻作文化系统”被联合国粮农组织命名为全球重要农业文化遗产保护试点。

从江侗乡稻鱼鸭系统：传统生态农业的样板[①]

2011 年 6 月，联合国粮农组织在北京召开“全球重要农业文化遗产国际论坛”，贵州从江侗乡稻鱼鸭系统与日本、摩洛哥、印度等地的 5 个传统农业系统一起被列为全球重要农业文化遗产保护试点。

从江县位于黔东南层峦叠嶂的大山里，清澈的都柳江畔，是典型的侗族人集中聚居区。每年谷雨前后，侗乡人民劳作的身影就出现在层层的梯田里。当温室里培育的秧苗高约 3 厘米的时候，他们将苗移栽在稻田里，一个月之后秧苗再分到其他的稻田种植。秧苗插进了稻田，鱼苗也就跟着放了进去，等鱼苗长到两三寸长时，再放入雏鸭，于是形成了典型的传统生态农业系统——稻鱼鸭系统。

其实，稻鱼鸭三者之间并非天然的和谐系统。侗乡人是如何让三者由相克转为相生的呢?

从空间上看，系统中的各种生物具有不同的生活习性，占有不同的生态位。水上层的水稻、长瓣慈姑、矮慈姑等挺水植物为生活在其间的鱼、鸭提供了遮荫、栖息的场所；表水层的眼子菜、苹、槐叶萍、满江红等漂浮植物、浮叶植物靠挺水植物间的太阳辐射及水体的营养生长繁殖，从稻株中落下的昆虫是鱼和鸭的重要饵料来源；鱼主要在中水层活动；底水层聚集着河蚌、螺等底栖动物、细菌以及挺水植物的根茎和黑藻等沉水植物，一些螺、河蚌等可为鸭所捕食。

从时间上看，侗乡人根据稻、鱼和鸭的生长特点和规律，选择适宜的时段使它们和谐共生。在雏鸭孵出 3 天后放到田里，一直到农历三月初为止；之后播种水稻，在下谷种的半个月左右放鱼花；四月中旬插秧，鱼的个体很小，可以与水稻共生；稻秧插秧返青后，田中放养的鱼花体长超过 5 厘米时放养雏鸭；水稻郁闭、鱼体长超过 8 厘米左右时放养成鸭；水稻收割前稻田再次禁鸭，当水稻收

① 本文作者为闵庆文、张丹，原刊于《农民日报》2013 年 5 月 10 日第 4 版。

割、田鱼收获完毕，稻田再次向鸭开放。

稻鱼鸭系统在同一块土地上既产出稻米又有鱼鸭，为侗乡人提供了丰富的动物蛋白和植物蛋白，但其生态效益更为显著。

一是可以有效控制病虫草害。稻瘟病是水稻的重要病害之一，但是在稻鱼鸭系统中其发病率和病情指数明显低于水稻单作田；系统中鱼、鸭通过捕食稻纵卷叶螟和落水的稻飞虱，减轻了害虫的危害；鱼和鸭的干扰与摄食使得杂草密度明显低于水稻单作田。

二是可以增加土壤肥力。在稻鱼鸭系统中，鱼和鸭的存在可以改善土壤的养分、结构和通气条件。鱼、鸭吃掉的杂草可以作为粪便还田，增加土壤有机质的含量；鱼、鸭的翻土增大了土壤孔隙度，有利于肥料和氧气渗入土壤深层，有深施肥料、提高肥效的作用；鱼、鸭扰动水层，改善了水中空气含量。

三是可以减少甲烷排放。在稻鱼鸭系统中，鱼、鸭能够消灭杂草和水稻下脚叶，从而影响了甲烷菌的生存环境，减少了甲烷的产生；最重要的是鱼、鸭的活动增加了稻田水体和土层的溶解氧，改善了土壤的养化还原条件，加快了甲烷的再氧化，从而降低了甲烷的排放通量和排放总量，尤其是在稻田甲烷排放高峰期最为明显。

四是可以储蓄水资源。侗乡人用养鱼来保证田间随时都有足够的水，如此鱼才不死，稻才不枯，鸭才不渴。为了保证田块水源不断，雨季时尽可能多储水，侗乡的稻田一般水位都会在 30 厘米以上。这种深水稻田具有巨大的水资源储备潜力，具有蓄洪和储存水源的双重功效，俨然一座座“隐形水库”。

五是可以保护生物多样性。侗乡人保留了多样性的水稻品种。而且，良好的稻田生态环境保持了丰富的生物多样性。螺、蚌、虾、泥鳅、黄鳝等野生动物和种类繁多的野生植物共同生息，数十种生物围绕稻鱼鸭形成一个更大的食物链网络，呈现出繁盛的生物多样性景象。

随着农业生产水平的提高，粮食数量安全问题已经得到了很大程度上的缓解，而农产品质量安全越来越引起人们的关注。稻鱼鸭系统可以大幅度减少农药和化肥的使用，所生产出的产品安全、健康，符合现代人对食品安全的要求。“侗乡稻鱼鸭系统”这一典型的生态农业模式将凭借其自身的优势，不断展现出其无穷的生态与文化魅力，并为当地经济社会可持续发展和美丽乡村建设提供重要支撑。

被誉为“养心圣地、神秘从江”的从江，农业文化遗产资源极为丰富：有糯禾、香猪、椪柑等特色农产品，加榜梯田等壮丽农业生态景观，侗族村寨被列为中国世界文化遗产预备名单，“瑶族医药（药浴疗法）”等 5 个项目被列为国家级非物质文化遗产，而侗族大歌更是名扬海内外，于 2009 年被联合国教科文组织列为世界非物质文化遗产。

侗族地区“稻鱼鸭系统”是具有重要意义的农业文化遗产[①]

“青田稻鱼共生系统”已于2015年被联合国粮农组织列为首批全球重要农业文化遗产保护试点之一。我国侗族地区广泛实行的“稻鱼鸭”复合农作系统历史悠久、内涵丰富、效益显著，同样具有重要的保护价值，应当受到人们的重视。

1　在片面追求数量和效益过程中传统农业遭到排斥

随着所谓现代农业的推进，一些传统的东西，包括传统的物种、农作知识和农耕文化等都不断被抛弃，已经严重影响到食品安全、农村生态环境等。从农业文化遗产的角度看，我们丢失的东西太多了。首先是一些农业物种的丢失，杂交水稻对于传统水稻品种的冲击是显而易见的，尽管杂交水稻在提高粮食产量、保障粮食安全方面做出了巨大贡献，但传统品种的放弃、品种单一化所带来的问题已经非常明显。我们都有这样的体会，农产品数量多了，但味道却大不如以前了，稻米是如此，其他如肉蛋奶、蔬菜、水果也是如此。其次是我们丢失了许多传统文化形式，例如在稻田养鱼基础上发展起来的许多稻鱼文化，像歌舞表演、民间习俗、烹调技艺等在很多地方较为少见了。许多人知道我们推荐传统稻鱼系统作为全球重要农业文化遗产的时候，都兴奋地告诉我们他们那里也有稻田养鱼，甚至是稻田养蟹、稻田养鸭等等，但当我们谈到在浙江、贵州的一些地方，除了稻田养鱼以外，还有对于鱼和稻米的许多传说、有鱼灯舞、有在鼓楼或风雨桥上表现稻鱼共生的绘画，他们则无言以对了。再次是农作技术的丢失，包括种植技术、养殖技术和加工技术等。最后也是最为重要的是生态伦理观的丢失，这个方面在许多关于生态文化或环境文化的著述中都有介绍，就不再赘述了。

许多珍贵的东西，只有丢失了，人们才意识到它的珍贵。农业文化遗产也是

① 本文原刊于《人与生物圈》2008年5期94-95页。

如此。在单纯追求农产品数量和经济效益的情况下，传统农业的确处于劣势地位，但如果考虑到它在维持农业生物多样性、保障食品安全、促进资源永续利用等方面的生态功能，在传承民族文化、保护独特景观、促进社会和谐等方面的社会功能，以及教育、科研等方面的功能，其重要价值就很难衡量了。随着生态环境恶化、生物与文化多样性丧失、食品安全问题已经威胁到人类健康，特别是倡导生态文明建设的今天，这些重要价值就显得更为重要。这也正是联合国粮农组织呼吁保护农业文化遗产的初衷。

2 许多本土性的知识已经不仅仅属于当地，而是属于全人类

应当说，我们现在对自然与文化遗产的保护已经开始重视了，但同时也有一些重要的遗产形式被忽略了，农业文化遗产就是其中之一。实际上，农业文化遗产更加贴近人们的生活，更加有助于人类未来的发展，所以粮农组织将之称为“关乎人类未来的遗产”。保护文化多样性已经成为国际社会的广泛共识，许多本土性的知识已经不仅仅属于当地，更是属于全人类，即所谓的“越是民族的，就越是世界的”。

全球重要农业文化遗产（Globally Important Agricultural Heritage Systems，GIAHS）项目是2002年由联合国粮农组织联合其他10余个国际组织发起的，其基础是《生物多样性公约》《世界遗产公约》《食物和农业植物遗传资源的保护与可持续利用的全球行动计划》《关于食物和农业植物遗传资源的国际条约》《21世纪议程》和《防止荒漠化与气候变化公约》等。该项目的目的就是建立全球重要农业文化遗产及其有关的景观、生物多样性、知识和文化保护体系，并在世界范围内得到认可与保护，使之成为可持续管理的基础。

显然，农业文化遗产是活态的，有人参与、不断发生变化的遗产；是面向人类未来的，对我们认识人与自然的关系和人类生存与发展都具有重要的意义的遗产；是自然遗产、文化遗产、文化景观和非物质文化遗产的综合体，融文化、生态、生产、社会等多种功能于一体的特殊遗产类型。而这些都与目前的自然与文化遗产类型有着非常大的区别。从这一意义上说，目前广泛分布于侗族地区的稻鱼鸭复合系统，也是非常值得我们关注和保护的农业文化遗产形式。

在“全球重要农业文化遗产”这个概念中，有两个限定词需要特别注意。

一是“全球重要（的）”。我们都知道全球气候在变化，今天这个地方的情况可能是另一个地方明天的情况，因此我们对一个地方的农业物种、农业技术等进

行保护可能就会有利于那个地方的发展，如果从生物多样性意义上去理解传统农业物种，其全球性意义就更明显了。

二是“农业文化”。全球重要农业文化遗产的英文表达里面并没有 Culture 一词，但是 Agriculture 本身就是 Culture，所以在我们确定中文表达时特地加了“文化”二字，目的是希望大家从更深的层次上去认识农业文化遗产的内涵和价值，更为关注具有现实意义和多种功能、生物多样性与文化多样性密切结合的动态系统。比如稻鱼鸭系统就是一个充满智慧、巧夺天工的农耕文化体系，是当地百姓对当地自然条件的一种很好适应，同时又满足了生态保护、经济发展、食物保障的要求。笔者曾应邀为《中国国家地理》2005 年第 5 期的《小田鱼、大智慧》一文作了这样的点评：“稻鱼系统是一个典型的复合文化系统，是精耕细作的农耕文化、‘饭稻羹鱼’的饮食文化、人地和谐的生态文化的有机结合。虽然世代更迭，稻田养鱼的形式发生了诸多变化，但稻鱼系统所蕴含的丰富思想可谓经久不衰，正所谓‘活着的人类文化遗产’。”另外，我们也希望能把“农业文化”的研究，与目前开展较多的农业考古和农业历史研究区别开来，尽管它们之间有着密切的联系。

需要说明的是，“全球重要农业文化遗产”可能以后会作为一种新的类型出现在世界遗产名录中，这也是粮农组织执行全球环境基金项目的目标之一。

3　重视和挖掘传统农业的价值首先需要自信

应当说，中国的科学家也很重视农业文化遗产的价值，但是并没有提高到全球意义、文化传承这样的高度进行系统的研究。我们在农业考古、农业历史研究方面取得了丰硕的成果，特别是在 20 世纪 70 年代末、80 年代初开展生态农业研究的时候，我国科学家就系统总结了传统农业的“整体、协调、循环、再生”理论，并结合现代农业技术，提出了现代生态农业的发展思路，但着重考虑的是农业生态系统的作用机制和生态、经济、社会的综合效益，但是很少或基本没有涉及农业文化的概念。时至今日，仍然如此，因为一说到传统农业，人们往往就自然地与现代农业相对立，就自然地与“落后”联系起来。

值得注意的是，许多我们认为很落后的东西，恰恰是国外认为充满智慧的非常重要的东西。国外科学家一直比较关注中国传统农业。不仅开展了对中国桑基鱼塘、稻田养鱼等问题的较为系统的研究，而且认为“中国的生态农业不仅对于中国、发展中国家，甚至对全世界都有重要的先导作用。”国外不断研究，我们这边不断丢失。

中国人往往不太相信自己，这对发展不利。我们有很多东西，似乎是只有外国人说了，才显得比较重要，所谓“出口转内销”、“外来的和尚好念经”。当然，也可能我们太过习以为常了，就不太注意它的价值了。例如，贵州和浙江的一些地方领导和老百姓都说，稻田养鱼我们一直在这样做，哪里想到还能成为世界遗产呢？

这是有发展阶段的问题。我（2008 年）5 月份到奥地利参加了一个国际会议，发现欧洲、美国和日本的科学家们谈得较多的是在废弃农地上进行传统农业的恢复，这与我们目前的情况是完全不同的。因为他们的生产现代化以及城市化水平相当高，大量的劳动力向城市转移后，出现很多废弃地。而我们还处在传统农业向现代农业转变的阶段，还比较关注经济效益和粮食产量，目标追求跟发达国家是不同的。

但这并不能成为我们忽视传统农业价值的理由，我们不能走到那一步再回头寻找。虽然是这样，但也给我们的工作带来很大的难度。我们试图告诉当地人，保护传统农业并不是让老百姓一直穷下去，而是要告诉他们在发展的过程中有些东西不能丢掉。但他们不相信，觉得你们生活很好了，还不让我们发展。这就是一个理解上的偏差。

4 保护和发展全球重要农业文化遗产需要多学科、多部门的协作

农业文化遗产具有多种功能，从现实来说，要想让这些功能的价值得以实现，还需要做很多的工作，让当地政府和老百姓都真切地看到，他们的传统农业形式以及民族文化在今天同样可以为他们创造财富。例如，我们可以发展以文化表现形式为主的观光型农业，并以此为基础发展休闲农业和乡村旅游。

我们还必须注意到，目前所说的重要农业文化遗产地往往在江河上游地区。如果在那里继续采用传统耕种方式，会对环境的保护做出很大贡献。按照“谁受益谁补偿”的原则，下游就应当做出适当补偿。另外，传统农产品的生产环境较好，具有更好的品质，是更安全的食品，通过认证并进入市场，应当可以获得更高的价格，以此可以促进当地经济的发展。如果限制他们的发展，那很难要求他们保留这样的模式。

目前的粮食价格问题，对传统农业的保护是一个机遇，也是一个挑战。人们可能会更加重视农业和农村的发展，这是一个机遇。但是，也有可能使一些人片

面追求粮食作物生产。这是一个我们需要密切关注的问题。因为我们不能因为由于粮食价格的上涨，就重新回到粮食数量安全的狭隘观念上去，应当仍然继续关注粮食和食品的质量安全问题。有专家指出，目前世界粮食价格的上涨，与西方国家大量利用粮食生产生物燃料或大量利用农耕地生产生物燃料作物有关。如果是这样的话，粮食供给不足可能只是一种暂时的现象，而粮食质量安全意义却是更为深远。而传统农业可以对保障粮食质量安全和建立大粮食的概念具有重要意义。在不同的地区、不同的条件下，采取不同的发展方式才是最好的，这样才能达到真正的“安全”。

目前的挑战主要是很难得到支持和重视。农业部门关心的是推广新品种和新技术，重视的是提高粮食单产，对农业文化、传统农业并不太关注；文化部门对文物和非物质文化遗产更为重视，而不太关心农业文化遗产的保护问题。一个简单的事实就是，在 2006 年公布的首批国家非物质文化遗产名录中，只有“二十四节气”属于农业文化遗产的范畴；在 2008 年公布的第二批 510 项国家非物质文化遗产名单中，没有严格意义上的农业文化遗产项目，略有关系的则是饮食文化、茶文化、酒文化。尽管在世界遗产后备名单中，已经列入了龙井茶、坎儿井、元阳梯田等，但从目前世界遗产申报程序来看，要想得到批准还有很长的路要走。从科学研究方面来看，也是更为重视现代科技的突破，而对传统农业的价值挖掘、农业文化的传承、可持续农业与农村发展等并没有给予足够的重视。农业文化遗产保护需要多学科的协作，像对侗族地区稻鱼鸭系统保护和发展的研究，不仅涉及水稻种植、鱼鸭养殖、农业经济与产业发展等学科，而且还涉及社会学、生态学、民族学、文化学等，这也是一个很大的挑战。

如果把这当作一个领域或事业来看待的话，面临的挑战更大。我们必须让老百姓和管理层面认识到这种价值并且把这种价值表现出来。光说好没用，必须通过一定的途径发挥出来，对当地的经济发展有利，他们才愿意进行保护。

普洱古茶园与茶文化系统：世界第一个茶农业文化遗产①

茶是世界三大饮料之一，中国是茶树的故乡和茶文化的发祥地。在云南省普洱市境内，包含着完整的古木兰化石和茶树的垂直演化过程，证明了这里是世界茶树的起源地之一。从野生型古茶树居群、过渡型和栽培型古茶园以及应用与借鉴传统森林茶园栽培管理方式进行改造的生态茶园的各个种类的茶树居群类型，形成了茶树利用的完整体系，具有多样的农业物种，农业生物多样性及相关生物多样性丰富，涵盖了布朗族、傣族、哈尼族等少数民族茶树栽培利用方式与传统文化体系，具有丰富的文化多样性与重要传承价值，是茶马古道的起点，也是茶文化传播的中心节点。该系统不但为我国作为茶树原产地、茶树驯化和规模化种植发源地提供了有力证据，是未来茶产业发展的重要种植资源库，还保存了与当地生态环境相适应的丰富的民族茶文化，具有重要的保护价值，因此而被联合国粮农组织于2012年9月正式列入全球重要农业文化遗产保护试点。

世界茶树之源。普洱市境内有茶树始祖化石——第三纪景谷宽叶木兰（新种）、中华木兰化石及目前世界上发现的最古老野生茶树千家寨野生古茶树，树龄千年以上的邦崴过渡型古茶树，最大规模的野生野茶自然群落和世界上最大、最古老的人工栽培千年的万亩古茶园。

茶树种质资源博物馆。古茶区茶树资源丰富，几乎包括了原始和进化的各种类型，是研究茶树起源、演化等不可或缺的材料，其中野生大茶树是遗传多样性最丰富最具有保存和研究价值的初级茶树种质资源。与普通无性系茶园不同的是，野生状态的古茶树对各种病虫害、冷害、冻害等抗性更强。普洱市有大叶茶16个种、中叶茶5个种、小叶茶2个种，是茶树变异最多、最集中、茶资源最丰富的地方。

① 本文作者闵庆文、何露，原刊于《农民日报》2013年5月31日第4版。

充满生态智慧的古茶园。古茶园是当地居民在逐渐摸索茶树生长习性的基础上，长期利用林窗内的合适光照、温湿条件，形成的一种特殊而古老的茶叶栽培方式。种植于林窗之中的茶树受天然森林的遮阴，凋落物量大，有机质丰富，不需要喷洒农药和施用化肥，因而古茶园生态系统植物多样性丰富，保存了大量的野生植物资源。在茶树的栽培中，一些少数民族为防治病虫害，提升茶叶的口感等多种目的，在茶园中有意识地栽种树木、花果或蔬菜，不但提高了土地利用效率，同时还获得了更好的茶叶品质。古茶树上有较多的寄生和附生植物，仅发现少量的茶籽盾蝽、蚜虫和茶毛虫等病虫害。这种源自传统经验的耕作方式使农民获得了与自然和谐相处的自然生存方式，实现了真正意义上的天、地、人和谐共处。

丰富多彩的茶文化。澜沧江中下游世居少数民族悠久的种茶、制茶历史孕育了风格迥异的民族茶道、茶艺、茶礼、茶俗、茶医、茶歌、茶舞、茶膳等内涵丰富的茶文化和饮茶习俗。云南及其邻近地区各民族（主要是布朗族、佤族等）可能是最早引种、驯化野生茶树和食用茶叶的先民。不同的少数民族皆有其祖先利用茶作为药品的传说，不同民族对茶的加工和饮用方式更是各具特色。如傣族的“竹筒茶”，哈尼族的“土锅茶”，布朗族的“青竹茶”和“酸茶”，基诺族的“凉拌茶”，佤族的“烧茶”，拉祜族的“烤茶”，彝族的“土罐茶”等为传统的饮茶习俗，代代相传。在各民族的婚丧、节庆、祭祀等重大节日和礼仪习俗中，茶叶常常作为必需的饮品、礼品和祭品。茶对当地各民族的影响已经浸透到生活、精神和宗教各个方面。

茶马古道的起点。茶马古道是亚洲大陆上以茶叶为纽带的古代交通贸易网络，是世界上地势最高、形态最复杂的古商道，具有重要的历史文化价值。它兴于唐宋，盛于明清，是茶马互市的结果。据史学家考证，普洱市（古称普洱府）在东汉时期已有人工栽培茶树，距今有 1 800 年以上；唐朝时普洱茶已作为商品销往西藏等地，明清时已大批运往海内外，并形成了“普洱—昆明官马大道”、“普洱—大理—西藏茶马大道”等 6 条保存完好的茶马古道，被称为“世界上地势最高的文明文化传播古道”，也因此使普洱市成为普洱茶生产和贸易的集散地。

敖汉旱作农业系统：世界第一个旱作农业文化遗产①

2002年，内蒙古敖汉旗被联合国环境规划署授予“全球环境500佳”称号；10年后的2012年，内蒙古“敖汉旱作农业系统”被联合国粮农组织列为全球重要农业文化遗产保护试点。一个县级地区获得两个国际组织的“世界级”荣誉，在我国可以说极为罕见。

旱作农业的起源地。敖汉旗位于内蒙古赤峰市，是中国古代农业文明与草原文明的交汇处，境内分布着被誉为“华夏第一村”的兴隆洼遗址和“旱作农业发源地”的兴隆沟遗址。2001年至2003年在兴隆沟发掘的碳化粟（谷子）和黍粒距今已有8 000年的历史，专家们由此推断，西辽河上游地区是这两种谷物的起源和中国古代北方旱作农业的起源地，从而证明敖汉旗是横跨欧亚大陆旱作农业的发源地。

此外，在敖汉旗境内发掘出的“小河西文化（距今8 200年以远）”“兴隆洼文化（距今8 200~7 400年）”“赵宝沟文化（距今7 200~6 400年）”“红山文化（距今6 700~5 000年）”“小河沿文化（距今5 000~4 500年）”遗址地，都发现了与旱作农业相关的生产工具，有锄形器、铲形器、刀、磨盘、磨棒、斧形器等，见证了敖汉旗的农业起源和农业发展历程。

丰富的旱作品种资源。敖汉旗的农作物品种丰富多样，最有名的粟分为黑、白、黄、绿四种颜色；黍的品种也很多，有大粒黄、大支黄、大白黍、小白黍、疙瘩黍、高粱黍和庄河黍等；除了粟和黍，还有其他很多粮食作物、经济作物、蔬菜、瓜果和畜禽等。

作为典型的旱作农业区，杂粮生产是敖汉旗优势产业，盛产谷子、糜、黍、荞麦、高粱、杂豆等绿色杂粮，其中谷子是第一大杂粮作物。该地杂粮绝大部分

① 本文作者为闵庆文、白艳莹，原刊于《农民日报》2013年6月7日第4版。

种植在山地或沙地，自然条件较好，极少使用化肥农药，保证了杂粮生产的天然特性，赢得了“中国杂粮出赤峰，优质杂粮在敖汉”“敖汉杂粮，悉出天然”的美誉。2013 年 5 月，敖汉小米被国家质检总局批准为地理标志保护产品。敖汉旗现已注册的杂粮、豆类品牌有“牛力皋”牌荞面、“天然”牌小米、“老河”牌大米、“北国香”牌葵花、“新洲”牌黑豆等。

我国是世界第一大粟主产国，产量占世界的 80% 左右，出口占世界粟贸易量的 90%。粟和黍具有抗旱、早熟、耐瘠、耐盐碱、耐储藏、适应性广等适应干旱、半干旱地区气候的特点，是干旱、半干旱地区发展可持续农业的支柱作物。同时，由于粟和黍的营养平衡、丰富，富含蛋白质、氨基酸、维生素以及硒、钙、铜、铁、锌、碘、镁等微量元素，随着人们膳食结构的改变，以小粟和黍为代表的杂粮作为理想的健康食物，越来越受到市场热捧。

浓郁的旱作农耕文化。在长期的旱作耕作实践中，原始的民间文化经过数千年的沉淀，逐步形成了歌谣、节令、习俗、耕技等丰富多彩的具有地方特色的文化表现形式，并世代传承。正月初八祭星是敖汉旗蒙古人所独有的祭祀风尚，此习俗至今在四家子镇牛汐河屯保留。位于敖汉旗境内的国家级重点文物保护单位城子山遗址，被专家称为中国北方最大的祭祀中心，还有诸多不同时期的出土文物，均与祭祀有关。流传在敖汉旗境内的庙会、祭星、祈雨、撒灯等民俗，以及民间的扭秧歌、踩高跷、唱大戏等等，也大都是为了祈求一年风调雨顺、五谷丰登和庆祝丰收。

绍兴会稽山古香榧群：中国古代良种选育和嫁接技术的活标本[①]

“人杰地灵”的绍兴市位于浙江省东部，是国务院首批公布的24个历史文化名城之一，是一本“打开着的历史教科书”，被誉为“一座没有围墙的博物馆”。这座2 500多年的历史文化名城，还是著名的水乡、桥乡、酒乡、书法之乡、戏曲之乡、名士之乡，更是中国古代农耕文明的重要发祥地：1万年前的浦江上山遗址、9 000年前的嵊州小黄山遗址、7 000年前的余姚河姆渡遗址等，充分说明了会稽山地区原始先民创造的古代农耕文明；会稽山腹地留存的一大批树龄高达千年的古香榧群及所蕴含的丰富的农耕文化亦得到了世界的认可，2013年5月在联合国粮农组织“第四届全球重要农业文化遗产国际论坛”上，与宣化城市传统葡萄园以及日本、印度的6个传统农业系统一起，被正式批准为全球重要农业文化遗产（GIAHS）保护试点。

香榧的主要产区，古香榧树的集中分布地。会稽山区是我国香榧的集中分布区域，其数量和产量均占全国的80%以上。目前有结实香榧大树10.5万株，其中树龄百年以上的古香榧树有7.2万余株，千年以上的有数千株。同时，拥有较为完整的香榧种质资源，有细榧、獠牙榧、茄榧、大圆榧、中圆榧、小圆榧、米榧、羊角榧、长榧、转筋榧、木榧、花生榧、核桃榧、和尚头榧、尼姑榧等十几个品种。

悠久的栽培嫁接历史，奇特的生长发育习性。古香榧群中的古树基部大多有明显嫁接痕迹，是中国古代果树大规模嫁接技术应用难得的例证，是罕见的古代良种选育与嫁接技术的“活化石”。香榧树是一种雌雄异株的神秘果树，一般每年三四月份发芽抽梢，第二年4月中下旬幼果开始膨大进入速生期，9月初果皮转淡黄成熟。从开花到果子成熟要近两年时间，香榧寿命长、生长慢、结实期晚、盛果期长，有“三十年开花，四十年结果，一人种榧，十代受益”之说，持

① 本文作者闵庆文、白艳莹，原刊于《农民日报》2013年6月14日第4版。

续结实能力可达数百年甚至千年以上。

独特的山区土地利用系统，强大的生态系统服务功能。当地榧农在长期的生产实践中，把野生榧树培育成香榧，并围绕香榧树建筑鱼鳞坑，开辟梯田，榧林下间作茶叶、杂粮、蔬菜、牧草等作物，构成了“榧树—梯田（鱼鳞坑）—林下作物”的农林复合系统。古香榧群在生物多样性维持、水土保持、水源涵养和气候调节方面有着不可替代的作用。

显著的多功能特征，巨大的经济价值。香榧是现存最古老的树种之一，属红豆杉科，第三纪孑遗植物，其历史价值明显。此外，还集果用、药用、油用、观赏、环保、材用等众多功能于一身。被冠以“长寿树”“千年圣果”美誉的香榧还是当地榧农的“摇钱树”，位于诸暨市赵家镇榧王村和绍兴县稽东镇占岙村的两株古香榧树，每株年产值在 2 万元以上。另外，香榧森林公园的建设促进了乡村旅游的发展，增加了榧农的收入。

优美的植被景观，浓郁的香榧文化。香榧雌雄分株，雄树挺拔直上，雌树千姿百态，古树树冠巨大，枝繁叶茂，蔚为壮观。一棵棵古香榧树构成了一幅幅令人赏心悦目的图画，与古村落、小溪、山岚等自然风光一起，构成了会稽山古香榧群独特的景观。当地榧农创造了一套完整的种植、嫁接、采摘、加工传统技术，传统的枫桥香榧采制技艺已入选浙江省第四批非物质文化遗产保护名录。香榧已成为当地一种特有的地方文化符号，成为古今众多文人墨客笔下的宠儿。唐宋八大家之一的苏轼就有诗赞曰：

彼美玉山果，粲为金盘实。
瘴雾脱蛮溪，清樽奉佳客。
客行何以赠，一语当加璧。
祝君如此果，德膏以自泽。
驱攘三彭仇，已我心腹疾。
愿君如此木，凛凛傲霜雪。
斫为君倚几，滑净不容削。
物微兴不浅，此赠毋轻掷。

千百年来，会稽山人在文化、饮食、医药、婚嫁、风水等众多方面都与香榧结下了不解之缘，香榧所特有的“长寿、美满、团圆”的象征意义已融入社会文化之中，因其在中国文化中的重要意义，有专家把香榧誉为是继人参、葫芦之后的第三个“中华人文瓜果”。

宣化城市传统葡萄园：世界第一个城市农业文化遗产[①]

位于首都北京西北150千米处的宣化古城，不仅有“京西第一府”之称，还享有“葡萄城”的美誉。每到年中秋前后，满城葡萄飘香，串串晶莹剔透的牛奶葡萄吸引着八方来客。2013年5月29日，河北宣化城市传统葡萄园被联合国粮农组织列为全球重要农业文化遗产保护试点，这是世界上第一个、也是目前唯一一个城市农业文化遗产。

栽培悠久，历史文化价值突出。相传汉朝张骞出使西域时，通过“丝绸之路”从大宛引来葡萄品种，经过当地果农世代精心栽种，繁衍至今。据《史记》记述，葡萄最初在汉朝皇宫别馆栽种。到了元朝，元太宗“令于西京宣德（即宣化）栽种”，并花费金银万两雇人培育。如今，在宣化古城的观后村里，有一株近600岁的古葡萄藤，依然枝繁叶茂、硕果累累，见证着宣化葡萄发展的历程。著名剧作家曹禺曾赋诗赞美宣化葡萄：

尝遍宣化葡萄鲜，
嫩香似乳滴翠甘；
秋凉塞外悲角远，
梦尽风霜八十年。

架型独特，生态文化价值突出。宣化传统葡萄园以庭院式栽培为主，至今仍大量沿用传统的漏斗架及多株穴植栽培方式，是一种古老的传统架式，大多是百年以上的老架。主蔓有碗口粗细，藤蔓从主根出发以锥形向四周均匀分布，架身向上倾斜30~35度，呈放射状，整架葡萄形如一个大漏斗，故此得名。“内方外

① 本文作者闵庆文、孙业红，原刊于《农民日报》2013年6月21日第4版。

圆”优美独特的漏斗架，体现了“天圆地方”的文化内涵，且景观美学价值很高，适于观赏和乘凉休闲。这种架势还具有肥源集中、水源集中、光源集中以及抗风、抗寒等优点。漏斗架式葡萄园是祖先留下来的文化遗产，在世界上独一无二，具有重要的历史研究价值和文化内涵。

品质优良，品牌经济价值突出。宣化是牛奶葡萄的主要产区，宣化独特的自然条件孕育了宣化牛奶葡萄独特的品质。牛奶葡萄粒大，呈椭圆形，酷似奶牛乳头，最大串可达 2 千克以上，其色泽绿中泛乳白，如碧玉晶莹耀眼，脆嫩欲滴，且皮薄肉腴汁丰，味道清甜爽口。宣化葡萄皮肉黄绿色，质脆而多汁，酸糖比适中，最大特点是能剥皮切片，素有“刀切葡萄不流汁”的美誉，主要用作鲜食。其营养价值很高，含糖量可达 21%，含酸量低至 0.25%。有健脾和胃、利尿清血、除烦解渴、帮助消化的作用。宣化牛奶葡萄在国内外享有很高的知名度，曾在 1909 年巴拿马国际博览会上拿过奖项。近年来先后获得“中国农产品区域公用品牌价值百强奖”“最具影响力中国农产品区域公用品牌”和“消费者最喜爱的 100 个中国农产品区域公用品牌”等荣誉，2013 年荣获“第十一届中国国际农产品交易会交易农产品金奖”。

城市农业，示范推广价值突出。宣化的传统葡萄园属于庭院农业，葡萄文化与农户的日常生活已经融入到一起。因为生活需要，庭院的葡萄架周围会种植大量蔬菜、水果、部分农作物以及花卉等，增加了地区的生物多样性，同时也增加了景观上的多样性，呈现出多样化、多层次的立体景观特征，具有多种现实价值和潜在价值。特别是在快速发展的城市化进程中，依然保持着独特的葡萄园景观、品种资源与栽培管理方式，其示范作用十分突出。

福州茉莉花与茶文化系统：中外文化交流的见证①

茉莉花属木樨科素馨属多年生灌木，原产于波斯湾一带，西汉时期传入中国。据《食物本草》《本草再新》等医药典籍记载，茉莉花性辛、甘、凉，具有镇静安神、解抑郁、健脾理气、抗衰老、防辐射、提高机体免疫力、抑制细菌等作用，目前茉莉花已广泛用于医药、化妆品、香料、保健食品等产品加工。茉莉花茶是福州人对世界的一大贡献，始于宋、成于明、盛于清。作为2000多年东西方文化交流的见证，源于外域的茉莉花与源于中国的茶的结合，在福州形成了茉莉花与茶文化系统这一独特生态文化景观。由于严格保守窨制工艺秘密，茉莉花茶更成了唯有中国才有的茶叶类型。福州茉莉花与茶文化系统2013年5月被农业部列为首批中国重要农业文化遗产，2014年12月被联合国粮农组织列为全球重要农业文化遗产。

优越的栽培条件。福州市是福建省省会，处于闽江下游，地势由西北向东南倾斜，北部、东部为山地和丘陵，南部是平原，以山地、丘陵为主，闽江横贯其中，下游为福州盆地，土壤呈微酸性或中性，土质肥沃，气候为亚热带海洋性季风气候，温暖湿润，雨量充沛，四季常青，十分适宜茉莉花生长。因此，历史上福州茉莉花最为有名，现今更被定为“市花”。

独特的花茶制作工艺。福州茉莉花茶类型独特，属于特种茶类——花香茶，其不同于一般的花草茶，花草茶直接以花为浸泡物，而福州茉莉花茶以茉莉花窨制茶叶，然后剔除花瓣，最终的成品茶没有茉莉花瓣，泡出来的茶，闻花香而不见花，保证了花茶的汤色和味道俱佳。福州茉莉花茶制作比其他茶类更复杂，茉莉花茶制作工艺包括：茶坯粗制、精制和鲜花处理（伺花）→茶花拼合（窨花）→静置通花→收堆复窨→茶花分离（起花）→转下一窨或提花→匀堆装箱，每道工序皆有严格的要求，造就了福州茉莉花茶独有的鲜灵浓醇品质。

① 本文作者闵庆文、张永勋，原刊于《农民日报》2013年12月13日第4版。

多样的医疗保健功效。茉莉花具有辛、甘、凉、清热解毒、利湿、安神、镇静作用，可治下痢腹痛、目赤肿痛、疮疡肿毒等病症。茉莉花茶既保持了茶叶的苦甘凉功效，又由于加工过程为烘制而成为温性茶，而具有多种医药保键功效，可去除胃部不适感，融茶与花香保健作用于一身，“去寒邪、助理郁”。茶叶中的咖啡碱可刺激中枢神经系统，起到驱除瞌睡、消除疲劳、增进活力、集中思维的作用；茶多酚、茶色素等成分除能抗菌、抑病毒外，还有抗癌、抗突变功效。

智慧的乡村生态景观。福州市依山傍水，山地、丘陵众多，为茶树与茉莉景观的形成提供了地形基础。茉莉花和茶树对生长环境有不同的要求，结合当地多样的小气候，形成了自山上至河流依次为茶园—林地—村落—茉莉—河流的垂直景观。在山丘上，根据土壤性状或就地采石筑造石埂梯田式茶园，或直接挖掘梯田茶园，梯田围绕山峰层层向下延伸至海拔 200 米左右，再向下为森林，形成山顶部为梯田式茶园，山麓为森林的壮丽景观。在冲积而成的河流沿岸沙质平原地区种植茉莉，并将荔枝、龙眼和橄榄树与茉莉间作种植，形成河流两岸果树与茉莉相间的景观，既增加了景观的多样性又降低了种植单一作物带来的经济风险。

亮丽的茶文化风景。在漫长的历史进程中，在福州形成了一系列与茉莉及茶相关的文化习俗。如在七夕之夜，福州女子会在当晚沐浴更衣后，乘坐游船，沿途不断向河内和岸上抛撒茉莉花，意为“茉莉，莫离”“抛花祈福”；女子以茉莉花为材料，制作装扮的首饰，其佩戴方式沿袭至今未变；福州还有着“三茶六礼”的结婚习俗，“三茶”即订婚时的“下茶”、结婚时的“定茶”、同房合欢见面时的“合茶”；福州古人出天花时，如果出痘到脚面时，要喝茉莉花茶排毒，称为“透脚”，代表重获新生，后来其意思逐渐引申，如今福州话中“透脚”泛指很爽的事情；福州人还喜欢把茉莉花茶陈化 5~8 年，用于治疗拉肚子等疾病或排毒。此外，在长期的生产实践中，福州人发明了一整套泡茶、饮茶的方式，如福州茉莉花茶的泡饮方法包括固定的 9 个步骤并有约定成俗的名称：取茶、赏茶、投茶、冲水、润茶、出茶、奉茶、品饮、谢茶。

福州茉莉花与茶文化遗产系统是充满芬芳智慧的农业文化遗产[①]

福州市地处福建省中部偏东，闽江下游河段，气候为亚热带海洋性季风气候，冬季温暖湿润，夏季炎热多雨，四季常青。地势西北高东南地，以山地、丘陵为主，山地、丘陵分布在北部和东部，南部是平原，闽江横贯市区。土壤因地形而异，山地土壤呈酸性和微酸性，十分适合茶树，沿河平原土壤呈弱酸性或中性，土质肥沃，为茉莉的生长提供了极佳的环境。

自古福州就是茶的故乡，东晋时期茶种植已在此兴起，唐代福州的"方山露芽"和"鼓山半（伴、佰）岩茶"就已成为当时的贡茶。茉莉是舶来品，汉代时期从西亚经印度传入福州，因气候适宜，茉莉便在此安家落户，宋代时福州已经出现"树树奇南结，家家茉莉开"的茉莉种植热潮。因此，历史上福州茉莉花最为有名，现今更被定为"市花"。

历史上，茶与茉莉种植在福州农业中具有重要地位，福州人利用当地的地形和茶与茉莉的生活习性，构造出了独特农业景观，并围绕茶和茉莉花研究出多种产品，创造出精湛的生产加工工艺，形成从种植、采摘、加工到饮茶等一整套的文化系统。上述的各种要素综合组成了福州茉莉花与茶文化系统，这一农业文化遗产。该系统具有生计、生态、经济、文化等多种功能，譬如茶和茉莉的种植、茉莉花茶的加工生产和销售，为当地人提供了重要生活来源，也使当地的生态环境长期处于一种健康稳定的状态，还承载了福州人数千年的劳动智慧，对当前农业的可持续发展具有重要的借鉴意义和启示作用。

该系统的独特性突出地表现在以下几个方面。

① 本文作者为闵庆文、张永勋，原刊于《世界遗产》2014 年 10 期 66-67 页。

1 地形的充分利用

福州茉莉花茶生产涉及茉莉花种植与茶树种植两个方面的农业生产活动。茶树喜温、喜湿、耐阴，这种生活习性决定了茶树只能生长在湿、热、排水良好的山区环境。茶叶品质和味道也会因生长地的土壤条件、降水、气温、光照等因素的改变而发生变化，一般品质比较好的茶叶都分布在气候温和、雨量充沛、湿度较大、光照适中、土壤肥沃、具有一定相对高度的山区。

茉莉喜光，对温度较敏感，能适应高温，不耐低温，抗寒力差，10℃以下生长缓慢，甚至停止活动。生长发育需要有充足的光照，强光照射下，叶色浓绿，生长迅速，分枝多，枝条顶端花芽易分化，花朵大，着色好，香气高；喜湿怕涝，土壤持水量60%~80%为宜；喜酸中性。闽江沿岸淤积的沙质土壤，肥力高、湿润、透水性高，是茉莉生长的理想之地。

茉莉花和茶树对环境的不同要求，结合福州市多样的地形，形成了自山上至河流依次为林园—茶园—林地—村落—茉莉—河流的垂直景观。在石质山丘上，就地取材，利用石料修葺石埂梯田式茶园点缀浓郁森林的景观；在土质山丘上，梯田围绕山峰层层环绕向下延伸至海拔200米左右，再向下为森林，形成山顶部为梯田式茶园、山麓为森林的壮丽景观。

2 制作工艺与饮茶文化完美结合

茉莉花茶是由鲜茉莉花苞与茶坯拌合窨制而成，花香被茶叶吸收后，去除花渣（起花），否则有馊味或闷味。茉莉花茶不同于直接以花为浸泡物的花草茶，也不同于通常直接由茶青制作的绿茶、乌龙茶和红茶，成品茶茶香馥郁、清甜爽口，闻香不见花，属于特种茶类。

茉莉花茶的窨制十分讲究，目前只有茉莉花茶诞生地福州拥有完整的加工工艺，整个加工工艺流程包括伺花、茶花拼和、通花散热及收堆复窨、起花等程序。每一道工序须掌握好花堆温度、含水量和花的生机状态，必须抓住鲜花吐香，茶坯吸香、复火保香三个重要环节，才能窨制出纯正的福州茉莉花茶。

长期的历史过程中，福州还形成了许多与茉莉花和茶相关的文化，凝聚着福州人对茉莉花茶的感情，让茉莉花茶制作工艺流传于世，名扬四海。

3 工业与农业相辅相成

福州茉莉花茶是联结工业与农业的重要媒介。茉莉花茶的生产需要大量的茶坯和茉莉花蕾作为原料，推动了当地农民从事茶与茉莉种植活动。1 000 年以来，茶种植和茉莉种植一直是福州农业的重要组成部分，支撑着上万户农民的生计。如今农业机械化自动化技术应用广泛，但是由于茉莉花和茶种植业的特殊性，茉莉花蕾和茶叶的采收仍无法实行机械化，需要大量的农民手工采收，季节性地解决了劳动力就业。

由于茉莉花茶制作工艺烦琐且每个制作环境的度都难以把握，自古以来只有少数人掌握和传承茉莉花茶的制作技术，这些掌握着窨制工艺的人群，从花农和茶农那里收购来绿茶鲜叶和茉莉花蕾，从事茉莉花茶的生产加工和销售，同时窨制工艺也被他们一代代地传承和改进。清朝早中时期，茉莉花茶已十分盛行，产销量也不断增加。到了清朝末期，茉莉花市场扩大到海外，畅销欧、美和东南亚等地，推动了茉莉花茶加工机械化。今天，茉莉花茶产业仍然是福州重要的产业组成，茉莉花茶产业继续联结着工业和农业、城市和乡村，推动着城乡的协调发展和新农村建设。

4 生态保护与农民增收相得益彰

茉莉和绿茶种植为许多生物提供了生存环境。据统计，茶园生态系统中植物 53 科 111 属 147 个种，有动物 55 科、79 种。生长在河边的茉莉生态系统还为鸟类等提供理想的栖息地和丰富的食物，每年约有 73 种越冬候鸟飞临此地栖息，其中属国家二级保护的鸟类占总种数的 15%，还有 48 种《中日候鸟保护协定》保护的鸟类。1979 年世界性发现的物种单脚蛏，是只产于茉莉花附近湿地的福州特有物种，它的存在与茉莉维护生态系统稳定性不无关系。

茉莉和茶的种植对局地环境有很好的改善作用。茉莉和茶的种植降低了雨水对地表的直接冲刷，有效减少水土与养分流失，在一定程度上也起到保持水土的作用。它们还可以改善空气环境质量。研究表明，在空气中温度、湿度、空气负氧离子含量等指标上，高度 1.5 米处茉莉花种植园均优于邻近无植被覆盖区域，茶园也明显优于邻近无植被区域。

福州是中国重要的茶叶生产城市，茉莉花和茶是当地农户收入的重要来源，茶叶加工企业众多，对当地经济起着重要的贡献。据调查，目前每亩茉莉花年纯收入超 1 万元；2009 年福州茶叶企业中 12 家有自己的茶园，自有茶园面积 5 835 公顷，年茶叶产量约 1.1 万吨，销售额达 13.7 亿元；农户拥有茶园面积 3 232 公顷，年产茶叶 0.5 万吨，茶农人均年收入 3 700 元。此外，一些掌握现代信息技术的年轻人开始探索新的经营模式，如实行蘑菇—茉莉—养殖的复合经营模式，种植绿化茉莉和盆景茉莉，通过电子商务营销，大大提高了茉莉种植的利润空间。随着现代科技信息的影响，福州茉莉花与茶文化系统会创造更大的经济效益，以推动“三农”的发展。

兴化垛田传统农业系统：沼泽洼地农业生态文化景观[①]

在江苏中部、里下河腹地的兴化地区有一种独特的土地利用方式——垛田。自元代以来当地人民就开始在被称为“锅底洼”的湖荡沼泽地带开挖河泥堆积成垛，垛上耕作，形成一个个状如小岛的精致农田。垛田地势较高，排水良好，土壤肥沃疏松，宜种各种旱作物，尤其适合生产瓜菜，有蔬菜之乡、千岛之乡的美誉。垛田大不过数亩，小的仅有几分，酷似海面上耸立的座座岛屿，每到春季，垛田之上油菜花烂漫开放，“河有万弯多碧水，田无一垛不黄花”的秀丽景色令许多游客流连忘返。

垛田是勤劳智慧的兴化先民为了抵御洪涝，选择稍高的地段，挖土增高，形成的一个个岛状土垛，再在垛上种植作物瓜果，从而确保在涝灾之年的口粮无虞。经过数百年的辛劳付出，已逐渐形成了一种天人合一的独特农业系统，与周围环境和谐统一，水天一色，旖旎多姿。2013 年 5 月，拥有众多举世罕有的特点与价值的兴化垛田传统农业系统被农业部列为首批中国重要农业文化遗产，2014 年 12 月被联合国粮农组织列为全球重要农业文化遗产保护试点。

独特的生态价值。垛田奇特的岛状地貌，使得田地通风好、光照足，而且四面环水，容易浇灌又难有水渍，是瓜菜生长的最佳环境。垛田是在湖荡沼泽地带挖土堆积而成，其土质是以沼泽土为主的“垛田土”，富含有机质及钙、铁、锰等多种微量元素。所在地气候温和，空气、水源洁净，其岛屿式分布又彼此间形成了有效的空间隔离。因此，垛田出产的蔬菜无论是品质还是产量，都是普通大田种植不可比拟的。三地七水，碧波荡漾，水土肥沃，独特的地理条件使得各种鱼虾聚集，且滋味鲜美，远胜他处，有“江北淡水产品博物馆”之称。

罕见的地理变迁“活化石”。垛田见证了当地从“走千走万不如淮河两岸”

① 本文作者卢勇、闵庆文，原刊于《农民日报》2013 年 12 月 20 日第 4 版。

的鱼米之乡，到黄河南下的洪水走廊，再到因地制宜、田水相依的垛田奇观的历史变迁，从而成为研究当地生态环境变迁和土地利用方式转变的珍贵标本。更难能可贵的是，虽历经数百年风雨，由于垛田地理条件的独特性，现代化的耕作方式无法全面推广，从而保持着原有的地貌特征和以舟代车的劳作景象，以及罱泥、扒渣、搅水草等传统的农耕方式，构成了一道罕见的风景。垛田地区唯一能派上用场的机械是抽水机，原本是消防器材，在垛田被移作他用，装在小舟之上，漂浮喷水，以供农田果蔬之需，堪称一绝。说垛田是里下河地区最具典型意义的历史地理变迁“活化石”并不为过。

美不胜收的旅游胜地。垛田地区千岛耸立、万河纵横，其秀丽景色在全国乃至全世界都是独一无二的。“兴化十二景”中垛田独占三景：两厢瓜圃、十里菱塘、胜湖秋月。现在随着垛田油菜花节的持续举办更是蜚声中外。垛田的美远不止油菜花盛开的春天，一年四季都各具特色，夏秋满垛碧绿、瓜果飘香，冬季白垛黑水、满目圣洁。垛田所在地是淮扬菜系传承的核心地区，其新鲜而丰富的食材和具有浓郁地域特色的烹饪技法，随着《舌尖上的中国》而名扬四海，成为饕餮食客的天堂。

深厚的文化内涵。兴化垛田有600多年的历史，对当地的民间文艺、风俗习惯、饮食文化等都有着深刻的影响。兴化地区早先受楚文化的滋养，后又融入吴文化的内涵，又由于其岛状地形非常适合隐居躬耕，因而深受历代文人雅士的青睐，也孕育了丰富的地域文化。垛田曾留下大文学家施耐庵的足迹，又是郑板桥的出生之地，晚清还有“琼林耆宿”大儒王月旦，现当代更孕育了王干、汪曾祺、毕飞宇等文坛之杰。得益于此，垛田地区先后被评为江苏省民间艺术之乡、中国小说之乡等荣誉称号。而垛田所具有的独特耕作体系和生态文化景观本身就是一种极富特色的地域农耕文化，“九夏芙蓉三秋菱藕，四围瓜菜万顷鱼虾”，既是对垛田美景的真实描写，也是对垛田农耕文化的最好赞美。

佳县古枣园：中国枣起源、演化与枣文化的典型代表[①]

枣是原产中国的特有果树。据出土文物表明，枣的栽培开始于7 000年前。大量古文献记载，早在3 000年前，中国古代劳动人民就将枣作为重要的栽培果树。2 500年前的战国时期，枣已成为重要的果品和常用中药，是给王侯进食的贡品和诸侯相互问候品，并与桃、杏、李、栗并称为我国的“五果”。距今2 000年前的汉朝，枣树栽培的技术已经传播到全国各地。距今1 500年的后魏时期，传统的枣树栽培技术体系已经建立起来，其中许多技术一直沿用至今。《神农本草》《齐民要术》《本草纲目》等古文献都有记载。

位于陕西省东北部黄河中游西岸的佳县，有悠久的红枣栽培历史，全县20个乡镇653个行政村都有枣树分布，有枣林53万亩（15亩=1公顷。全书同），年产红枣2亿斤（1斤=0.5千克。全书同）。佳县古枣园2013年5月被农业部列为首批中国重要农业文化遗产，2014年12月被联合国粮农组织列为全球重要农业文化遗产保护试点。

悠久的栽培历史，独特的枣文化。据《中国果树志·枣卷》记载，中国枣的最早栽培中心在黄河中下游一带，且以晋陕峡谷栽培较早，渐及河南、河北、山东等地。从《诗经·豳风篇》《周礼·天官》和《礼记·曲礼》的记载可以看出，当时晋陕峡谷不仅把酸枣驯化为枣，同时已有一定的栽培面积，并常用作祭祀的祭品和馈赠之礼品。再从现存的枣树情况来看，晋陕峡谷还普遍生长着数百年甚至上千年的枣树，这些枣树栽植分散，野生类型较多，管理粗放，是原生的栽培类型，这与文献记载是一致的。而佳县正位于该区域的核心地带。

佳县枣树栽培历史悠久。“金蛋蛋、银蛋蛋，不如咱的红蛋蛋。”这句流行语中的“红蛋蛋”说的就是红枣。佳县十年九旱，粮食往往歉收，而耐旱的枣树就

① 本文作者闵庆文、刘某承，原刊于《农民日报》2013年12月6日第4版。

成为百姓的“救命粮”“铁杆庄稼”“保命树”。劳动人民在长期的生产实践中积累了丰富的经验和技术，涉及枣树的繁殖、枣树的栽植、枣粮间作、枣园管理、采收和晒枣以及红枣加工和贮藏等多个方面，对现代枣树的科学管理具有重要的借鉴意义。

*佳县有丰富的枣文化。*中秋前后，漫山遍野的红枣密密麻麻地挂满枝头，黄土沟壑被红枣点缀着，煞是好看。传统的食品有枣糕、枣果馅、枣粽子、枣焖饭、枣酱、枣蜜、醉枣等，不仅形成了许多有关红枣的风情、习俗、食俗和礼俗，而且百姓对枣更多的寄予一种希望，并把它和喜庆联结在一起，祝福、祝寿、贺年、贺喜、相送相敬的食品中必有红枣。

*庞大的古枣树群落，丰富的种质资源。*被誉为“天下红枣第一村”的朱家坬乡泥河沟村，现存有一片庞大的古枣群落，最老的枣树已有 1 400 年的历史。古枣群落占地 36 亩，共生有各龄枣树 1 100 余株。其中干周在 3 米以上的古枣树有 3 株，最大一株干周为 3.41 米。2012 年在上高寨乡柳树峁村发现一株千年酸枣古树，树高约 8.5 米，胸径 54.1 厘米，树表面光滑无腐烂现象。现在依然“夏季枝叶茂盛，繁花满枝，深秋时节缀满果实。”

佳县枣属植物有两种：枣和酸枣。其中，因千百年来经过人为的选择与保护，酸枣出现了野生型、半栽培型和栽培型三个酸枣品种群共 16 个地方品种。因其分布范围、生态条件、品种用途、栽培方式、繁殖管理办法等差别，现存 8 个枣的品种群共 30 个地方品种。

*显著的营养和药用价值，重要的生态系统服务功能。*据《北京同仁堂志》记载，“用葭州（今佳县）大红枣，入药医百病”；康熙帝把佳县千年油枣确定为贡品。据从千年红枣的活性成分及药理作用分析发现，千年枣营养丰富，内含多糖碳链明显长于其他任何品种枣的糖碳链，具有独特的药用价值。

枣树树干高大，树冠盖度较大，成片种植，可以起到良好的防风效果；枣树水平根向四面八方伸展的能力很强，匍匐根系较多，侧根发达，固持表层土壤的能力非常强；同时，树龄较长的天然林和人工古树林，其土壤持水能力较强。在植被稀疏的黄土高原区，在黄河沿岸的坡地上，枣树的这些生理特性在防风固沙、水土保持、涵养水源方面的功能意义重大。

尤溪联合梯田：东南山区生态农业的典范[①]

尤溪县地处我国东南亚热带季风气候区，位于“闽中屋脊”戴云山脉北麓，隶属福建省三明市，素有“闽中明珠”之称。始建于唐开元二十九年（741 年），至今已有 1 200 多年的建县史，2010 年被授予“千年古县”称号。因其是中国著名理学家朱熹的诞生地，也被誉为“朱子理学文化名城”。

地处闽江上游，境内以山地为主，有“八山一水一分田”之称，气候夏热冬凉，降水丰富，非常适合水稻的种植，形成了闽中山地稻作梯田这一农业文化景观，其中尤以位于联合镇的联合梯田最为壮观。2018 年 2 月，福建尤溪联合梯田与湖南新化紫鹊界梯田、江西崇义客家梯田、广西壮族自治区（以下简称广西）龙胜龙脊梯田一道构成的“中国南方山地稻作梯田系统”，被联合国粮农组织认定为“全球重要农业文化遗产”。此外，尤溪还因盛产柑、竹、油茶等，而被誉为“中国金柑之乡”“中国绿竹之乡”“中国油茶之乡”。

1　中原农耕技术与闽中环境有机结合的载体

尤溪联合梯田农业根植于中原农耕文化，是中原农耕文化与闽中自然环境相融合的产物。自战国以来因中原数次战乱，人口不断流入，为闽中山区带来了先进的农业生产技术，促进了当地梯田农业的发展。北宋后期，已出现“人稠地狭”现象，南宋中期更是出现“种稻到山顶，栽松浸日边”“侧种塍级满山，婉若缪篆”的景象。彼时，因梯田向深山开发导致老虎伤人现象，在联合镇甚至衍生出了以伏虎岩庙会为代表的伏虎文化。从原始刀耕火种、铁犁牛耕到现代农业技术，联合梯田的嬗变见证了世代联合人依靠自然、适应自然、利用自然的奋斗史，堪称“活着的遗产”。

① 本文作者为张永勋、闵庆文，原刊于《中国投资》2018 年第 19 期 88-90 页。

2 联合梯田循环农业系统的奥秘

依照地形地势，联合梯田自上而下形成了“森林（树木与竹子）—村落—梯田—河流”多级空间结构，由人工水渠连接贯通形成一个水和营养物质的循环系统。河流、梯田和林地的蒸发蒸腾，补给了空气中的水汽，形成降水；森林涵养水源，调节降水季节分配不均；沟渠将森林与村庄、梯田相接，为村民生活和梯田农业生产提供稳定的水源，河流作为排水系统避免了洪涝灾害，保证了山区环境下人地和谐共存。

因为海拔高度的影响，联合梯田作物类型及种植制度垂直变化明显。“蔬菜—水稻—冬季休耕（或绿肥）”轮作模式分布在400米以下；“中季稻—油菜轮作或茶叶—经济作物（蔬菜、西瓜、玉米、花生、黄豆、绿豆、豌豆、烟叶、蘑菇、豌豆等）”的轮作模式分布在400~600米；“中季稻—经济作物（蔬菜、蘑菇、马铃薯、绿豆、豌豆）”“中季稻—冬季休耕（或绿肥）”和“单季晚稻—冬季休耕（绿肥）”均在600米以上。这样的轮作模式，充分利用了热量条件，提高了农业生产效益，提高了农业生物的多样性，也使农业生态系统更加稳定。

联合人有采用多品系栽培的传统。利用不同品系和不同作物的生物学特性、资源利用方式的差异和抗逆性特征，形成水稻多品系间作、稻豆间作等技术，有效提高了梯田生态系统的抗逆性，既能保证作物稳产，又减少农药使用量，提高了农产品品质。据调查，目前联合梯田范围内仍保留有传统水稻品种72个。

3 梯田农业孕育了丰富的节庆与习俗

联合梯田节庆与习俗类型多样，如节庆、习俗、民歌、农谚、崇拜与禁忌。新年伊始，春鼓迎春祈平安、鞭牛迎春纳福气；立夏时节，吃红糟肉笋佐餐、糯米饭和粳米笋陷粿“接脚力”；耕牛节，求牛健壮；六月六天贶节，暴晒衣被；尝新日，吃新禾迎丰年；秋社日，祭祀土地神；立冬节，吃交冬糍、草药炖肉“进补”。可以说，每个节日都与当地的农业生产有着密切的关系。另外，还有新年择吉日起田头、“莳田蛋”、插秧、驱鸟兽、吃新、谢猪情等习俗，《耕田歌》《十二月节气推天令》《十二月花节歌》《放牛歌》等山歌，既反映了当地的农事活动、物候节律，也体现了劳动人民丰富的生产生活经验。

4 梯田农业成就了地方美食和精湛的手工艺

联合梯田盛产稻米，蔬菜种植、养殖业类型十分丰富，各类食物做法很是讲究。例如，用粳米（俗称大禾米、粿米）磨粉加工成白粿、菜头粿等各种粿类，用糯米酿制米酒、糍粑，用籼米加工成粉干、米冻等。联合梯田地方菜品也极为丰富，农家自己腌制的就有竹笋咸和醋姜，有板鸭和腊鸭，用兔肉制作成的卜糟兔肉，用泥鳅和粉干做成的泥鳅粉干。炖肉时加上各种中草药制作的滋补汤也是当地一大特色。尤溪山区竹林遍布，各类竹编巧夺天工，精细的箩、簸箕、筛、笠、盛篮（担礼品用），以及竹床、竹椅、竹几、菜罩、鼎筅、竹帚、竹筷等日常生活用品，都源自当地农民灵巧的双手。

5 梯田农业朱子文化源远流长

著名历史学家蔡尚思诗云：“东周出孔丘，南宋有朱熹。中国古文化，泰山和武夷”。理学家朱熹诞生于尤溪城南毓秀峰下，至今尤溪仍保留着朱熹的大量遗迹。在朱子文化园里可以感受“理学”的熏陶，《劝农文》中“唯民生之本在食，足食之本在农，此自然之理也”，体现处其重农务本的思想。在朱熹倡导下，尤溪人形成了重教兴文的传统，并因此培养出了众多文人居士。朱熹推崇循理守礼的民风，亲自编撰了《家礼》作为小学的教材，教导人们“谨名分、崇爱敬”，“修身齐家”“谨终追远”。朱熹毕其一生，倡导以“存天理、去人欲”为内容的道德修养来重树道德规范，重构价值理想，重建精神家园，其道德思想仍影响当代人。

新化紫鹊界梯田：山地自流灌溉系统的典型代表①

新化县位于湖南中部、资水中游、雪峰山东南麓，是梅山文化的核心区域，有着中国梅山文化艺术之乡、中国蚩尤故里文化之乡、全国武术之乡、中国山歌艺术之乡、中华诗词之乡等美称。紫鹊界梯田就位于该县水车、奉家和文田三镇，总面积达 8 万亩。依山就势而造的梯田，大多分布在海拔 500~1 000 米，平均坡度在 30º 左右，最陡可达 50° 以上，最大的田块不足 1 亩，最小的只能插几十株禾苗，因规模庞大、数量众多、坡度陡峭、田块小巧、形态优美而享有“梯田王国”的美誉。

紫鹊界梯田历史悠久。至此在宋朝已有关于梯田开垦的文字记载并具有相当规模，全盛于明清，是苗、瑶、侗、汉等多民族历代先民共同创造的劳动杰作。先后被评为国家 AAAA 旅游景区、国家级风景名胜区、国家自然与文化双遗产、国家水利风景名胜区、中国重要农业文化遗产、世界灌溉工程遗产，2018 年 2 月与江西崇义客家梯田、广西龙胜龙脊梯田、福建尤溪联合梯田一道以“中国南方山地稻作梯田系统”之名被联合国粮食组织认定为全球重要农业文化遗产。

1　因地制宜的农业生产方式

紫鹊界梯田是当地渔猎文明向农业文明发展过程中的产物，形成了梯田水稻种植与山地渔猎相结合的独特农业生产方式。在这个过程中，苗、瑶、侗、汉等多民族的先民们通过对有限的高山土地的开发，解决了人口增长与粮食短缺的矛盾，开创了山区稻作农业的先河，保障了文明的发展和民族的交融。

紫鹊界梯田以水田为主，旱地为辅，千百年来形成了与环境相适应的传统农耕方式，至今仍然广泛沿用。包括以“冬季覆水和春季多次田埂修复”为核心的传统梯田维护技术，以“轮作倒茬、浅耕灭茬、适时播种、勤力中耕”为核心

① 本文作者为焦雯珺、闵庆文，原刊于《中国投资》2018 年 23 期。

的传统旱地穇子栽种技术，以及水稻种植技术、地力维持技术、病虫害防治技术、梯田复合种植技术等。“土要过铁板，田要过脚板”“禾踩三道脚，米都不缺角”“天晴踩田当得粪，落雨踩田不如睏”，反映出当地农民对中耕除草的重视，“稻田养鸭”和“稻田养鱼”则是当地农民复合种养的常见方式。

紫鹊界特有的农业生产方式还生动而形象地反映在诗人的作品中，如章惇的“人家迤逦见板屋，火烧硗确多畬田”“白巾裹髻衣错结，野花山果青垂肩”；吴致尧的“衣制斑斓，言语侏离；刀耕火种，摘山射猎”；吴居厚的“试问昔日畬粟麦，何如今日种桑麻？”等。

2　独具特色的自流灌溉体系

紫鹊界梯田地处亚热带季风气候控制下的低山丘陵区，降水集中，多暴雨，属于南方山丘易侵蚀脆弱区。紫鹊界先民从水源、蓄水、保水、输水、灌溉各个方面创造性地采用了多种技艺，以简易的工程设施实现了有效的自流灌溉，逐渐形成并世代沿袭下来一套科学的管水办法，有效地控制了水土流失与干旱灾害。

紫鹊界梯田的灌溉工程体系由三大部分组成：蓄水工程、灌排渠系、控制设施。在这里，成片梯田以引溪水灌溉为主，泉水直接灌溉只限边缘局部田块。溪流水位置有多高，梯田就有多高。溪水经输水渠送到梯田区，由于灌溉单元都不大，输水渠道的长度、断面和流量都很小，当地管这些渠叫毛圳。这种田间毛圳一般不串田而过，而是沿着田块内侧或外侧，用矮埂将渠和田隔开。梯田内部的灌溉则是串灌串排，即以狭小田块作为邻近田块间输水通道，实施借田输水。为防止冲刷田埂造成崩塌，从高一级梯田流入低一级梯田时，用竹子通穿挑流作枧（小渡槽），使水送到离田埂脚较运的位置。

紫鹊界梯田自流灌溉体系是我国劳动人民创造并不断完善的灌溉系统和水土保持工程，是千年来中国南方山丘地区人与自然协调、水土保持、农业可持续发展与水资源可持续利用的典型代表。这一系统历经千年而不衰，至今依然有效维持着当地居民的生产与生活，对于世界上其他同类地区具有借鉴价值。

3　地域鲜明的农业生物资源

得益于独具特色的传统农业生产方式，紫鹊界梯田为当地居民提供了丰富多样的食物和产品。这里气候湿润，温度适宜，是典型的一季中稻区，以黑香贡米和红香米为代表的传统水稻品种资源十分丰富。

除了水稻之外，紫鹊界梯田还盛产茶叶、小麦、玉米、豆类、薯类、油料作物、药材、蔬菜和瓜果等。当地居民就地取材，以水稻、玉米和薯类为代表的多样化种植，保障了当地居民世世代代赖以生存的物质基础。梯田里丰富的森林资源，还为当地居民提供了大量的木材、药材、森林食品等。

丰富的生物资源对于当地饮食具有重要影响。传统饮食不仅以当地特有的物产为依托，还与当地自然环境相适应，为预防风湿类疾病，当地居民形成了“祛寒除湿、降火发汗”为主要特色的酸辣型饮食，最有代表性的当属“十荤、十素、十饮”。其中，“十荤”包括三合汤、雪花丸子、擂打鸭、米粉肉、酸辣醋汤鱼、泥鳅钻豆腐、鸭子粑、板栗蒸鸭、猪血粑；“十素”包括糍粑、光米粑、杯子糕、马炼黄、糁子粑、沱粉粑、蕨粑、炒米花生糕、米粉辣椒、肚脐糕；“十饮”包括米甜酒、甜糟酒、甜水酒、米烧酒、窖酒、苡米酒、苡米茶、凉水、擂茶、绞股蓝。

4 丰富多彩的民族文化形式

紫鹊界梯田是南方稻作文化与苗瑶山地渔猎文化融化糅合的历史文化遗存，以梅山文化为代表，当地的农耕文化、宗教信仰、民居建筑、饮食风俗等都具有鲜明的地方特色，传统文化十分丰富。

年关吃萝卜、春社吃社粑、耕牛过生日、尝新节吃新米粑粑、中秋节烧宝塔、摸秋、送小孩、腊八节杀猪等，都是当地富有特色的节庆习俗。新化山歌是劳动人民在长期的劳动生活中创造的艺术结晶，世代相传，深入到民间生活的各个角落。从原始祭祀活动中演变发展出来的梅山傩戏，表达了人们祈望实现与自然环境和谐共处、实现可持续发展的美好愿望。梅山武术则全面反映了梅山地区的民俗生活和文化传统。这些传统民间艺术无不与梯田地区的农业生产有着密切联系，并分别于 2008 年、2011 年和 2014 年被列入国家级非物质文化遗产名录。

紫鹊界地区的民居沿袭了上千年的干栏式板屋，或分散或集中，分布在大大小小、高高低低的梯田之间，形成了水乳交融、天人合一的独特的人文景观。据不完全统计，目前分布于梯田中的板屋就有 2 000 多栋，建筑面积达 26 万平方米。其中明代的 16 栋 1 700 多平方米；清代 105 栋，建筑面积 13 600 多平方米，其余都属民国及民国以后的建筑。人们世世代代生活在这些板屋里，日出而作，日落而息，生息繁衍，创造了紫鹊界梯田这个人间奇迹和灿烂的梅山文化。

附　录

附 1　全球重要农业文化遗产名录（截至 2019 年 3 月，共 57 项）

亚洲地区（40 项）

中国（15）

1）浙江青田稻鱼共生系统（2005）

2）云南红河哈尼稻作梯田系统（2010）

3）江西万年稻作文化系统（2010）

4）贵州从江侗乡稻鱼鸭系统（2011）

5）云南普洱古茶园与茶文化系统（2012）

6）内蒙古敖汉旱作农业系统（2012）

7）浙江绍兴会稽山古香榧群（2013）

8）河北宣化城市传统葡萄园（2013）

9）江苏兴化垛田传统农业系统（2014）

10）陕西佳县古枣园系统（2014）

11）福建福州茉莉花和茶文化系统（2014）

12）甘肃迭部扎尕那农林牧复合系统（2017）

13）浙江湖州桑基鱼塘系统（2017）

14）山东夏津黄河故道古桑树群（2018）

15）中国南方山地稻作梯田系统（包括江西崇义客家梯田、福建尤溪联合梯田、湖南新化紫鹊界梯田、广西龙胜龙脊梯田，2018）

菲律宾（1）

1）菲律宾伊富高稻作梯田系统（2005）

印度（3）

1）印度藏红花农业系统（2011）

2）印度科拉普特传统农业系统（2012）

3）印度喀拉拉帮库塔纳德海平面下农耕文化系统（2013）

日本（11）

1）日本金泽能登半岛山地与沿海乡村景观（2011）

2）日本新潟佐渡岛稻田 – 朱鹮共生系统（2011）

3）日本静冈传统茶 – 草复合系统（2013）

4）日本大分国东半岛林—农—渔复合系统（2013）
5）日本熊本阿苏可持续草原农业系统（2013）
6）日本岐阜长良川香鱼养殖系统（2015）
7）日本宫崎高千穗—椎叶山山地农林复合系统（2015）
8）日本和歌山南部—田边梅子生产系统（2015）
9）日本德岛 Nisi-Awa 地域山地陡坡农作系统（2018）
10）日本宫城尾崎基于传统水资源管理的可持续农业系统（2018）
11）日本静冈传统山葵种植系统（2018）

韩国（4）

1）韩国济州岛石墙农业系统（2014）
2）韩国青山岛板石梯田农作系统（2014）
3）韩国花开传统河东茶农业系统（2017）
4）韩国锦山传统人参种植系统（2018）

伊朗（3）

1）伊朗喀山坎儿井灌溉系统（2014）
2）伊朗乔赞葡萄生产系统（2018）
3）伊朗戈纳巴德基于坎儿井的藏红花种植系统（2018）

阿拉伯联合酋长国（1）

1）阿联酋艾尔—里瓦绿洲传统椰枣种植系统（2015）

孟加拉国（1）

1）孟加拉国浮田农作系统（2015）

斯里兰卡（1）

1）斯里兰卡干旱地区梯级池塘－村庄系统（2017）

非洲地区（8 项）

阿尔及利亚（1）

1）阿尔及利亚埃尔韦德绿洲农业系统（2005）

突尼斯（1）

1）突尼斯加法萨绿洲农业系统（2005）

肯尼亚（1）

1）肯尼亚马赛草原游牧系统（2008）

坦桑尼亚（2）

1）坦桑尼亚马赛草原游牧系统（2008）

2）坦桑尼亚基哈巴农林复合系统（2008）

摩洛哥（2）

1）摩洛哥阿特拉斯山脉绿洲农业系统（2011）

2）摩洛哥 Ait Souab–Ait Mansour 地区林农牧系统（2018）

埃及（1）

1）埃及锡瓦绿洲椰枣生产系统（2016）

南美洲地区（2 项）

秘鲁（1）

1）秘鲁安第斯高原农业系统（2005）

智利（1）

1）智利智鲁岛屿农业系统（2005）

拉丁美洲地区（1 项）

墨西哥（1）

1）墨西哥传统架田农作系统（2017）

欧洲地区（6 项）

西班牙（3）

1）西班牙拉阿哈基亚葡萄干生产系统（2017）

2）西班牙阿尼亚纳海盐生产系统（2017）

3）西班牙 Territorio Senia 传统橄榄种植系统（2018）

葡萄牙（1）

1）葡萄牙巴罗佐农林牧复合系统（2018）

意大利（2）

1）意大利阿西西—斯波莱托陡坡橄榄种植系统（2018）

2）意大利索阿维传统葡萄园（2018）

附 2　中国重要农业文化遗产名录（截至 2019 年 3 月，共 91 项）

第一批（19 项，2013 年 5 月 9 日公布）

河北宣化传统葡萄园

内蒙古敖汉旱作农业系统

辽宁鞍山南果梨栽培系统

辽宁宽甸柱参传统栽培体系

江苏兴化垛田传统农业系统

浙江青田稻鱼共生系统

浙江绍兴会稽山古香榧群（含诸暨、嵊州、柯桥 3 个保护区）

福建福州茉莉花种植与茶文化系统（含仓山、晋安、长乐、闽侯、永泰、连江 6 个保护区）

福建尤溪联合梯田

江西万年稻作文化系统

湖南新化紫鹊界梯田

云南红河哈尼稻作梯田系统（含元阳、红河、绿春、金平 4 个保护区）

云南普洱古茶园与茶文化系统（含澜沧、宁洱、镇沅 3 个保护区）

云南漾濞核桃—作物复合系统

贵州从江侗乡稻鱼鸭系统

陕西佳县古枣园

甘肃皋兰什川古梨园

甘肃迭部扎尕那农林牧复合系统

新疆吐鲁番坎儿井农业系统

第二批（20项，2014年5月29日公布）

天津滨海崔庄古冬枣园

河北宽城传统板栗栽培系统

河北涉县旱作梯田系统

内蒙古阿鲁科尔沁草原游牧系统

浙江杭州西湖龙井茶文化系统

浙江湖州桑基鱼塘系统

浙江庆元香菇文化系统
福建安溪铁观音茶文化系统
江西崇义客家梯田系统
山东夏津黄河故道古桑树群
湖北赤壁羊楼洞砖茶文化系统
湖南新晃侗藏红米种植系统
广东潮安凤凰单丛茶文化系统
广西龙胜龙脊梯田系统
四川江油辛夷花传统栽培体系
云南广南八宝稻作生态系统
云南剑川稻麦复种系统
甘肃岷县当归种植系统
宁夏灵武长枣种植系统
新疆哈密市哈密瓜栽培与贡瓜文化系统

第三批（23项，2015年10月10日公布）

北京平谷四座楼麻核桃生产系统
北京京西稻作文化系统（含海淀、房山2个保护区）
辽宁桓仁京租稻栽培系统
吉林延边苹果梨栽培系统
黑龙江抚远赫哲族鱼文化系统
黑龙江宁安响水稻作文化系统
江苏泰兴银杏栽培系统
浙江仙居杨梅栽培系统
浙江云和梯田农业系统
安徽寿县芍陂（安丰塘）及灌区农业系统
安徽休宁山泉流水养鱼系统
山东枣庄古枣林
山东乐陵枣林复合系统
河南灵宝川塬古枣林
湖北恩施玉露茶文化系统
广西隆安壮族“那文化”稻作文化系统

四川苍溪雪梨栽培系统
四川美姑苦荞栽培系统
贵州花溪古茶树与茶文化系统
云南双江勐库古茶园与茶文化系统
甘肃永登苦水玫瑰农作系统
宁夏中宁枸杞种植系统
新疆奇台旱作农业系统

第四批（29 项，2017 年 6 月 28 日公布）

河北迁西板栗复合栽培系统
河北兴隆传统山楂栽培系统
山西稷山板枣生产系统
内蒙古伊金霍洛农牧生产系统
吉林柳河山葡萄栽培系统
吉林九台五官屯贡米栽培系统
江苏高邮湖泊湿地农业系统
江苏无锡阳山水蜜桃栽培系统
浙江德清淡水珍珠传统养殖与利用系统
安徽铜陵白姜种植系统
安徽黄山太平猴魁茶文化系统
福建福鼎白茶文化系统
江西南丰蜜橘栽培系统
江西广昌莲作文化系统
山东章丘大葱栽培系统
河南新安传统樱桃种植系统
湖南新田三味辣椒种植系统
湖南花垣子腊贡米复合种养系统
广西恭城月柿栽培系统
海南海口羊山荔枝种植系统
海南琼中山兰稻作文化系统
重庆石柱黄连生产系统
四川盐亭嫘祖蚕桑生产系统

四川名山蒙顶山茶文化系统
云南腾冲槟榔江水牛养殖系统
陕西凤县大红袍花椒栽培系统
陕西蓝田大杏种植系统
宁夏盐池滩羊养殖系统
新疆伊犁察布查尔布哈农业系统

附3　2016年全国农业文化遗产普查结果

（2016年12月9日公布，共408项）

北京市（50项）

北京朝阳洼里油鸡养殖系统
北京朝阳黑庄户宫廷金鱼养殖系统
北京朝阳郎家园枣树栽培系统
北京海淀玉巴达杏栽培系统
北京丰台长辛店白枣栽培系统
北京丰台桃树种植系统
北京丰台花乡芍药复合种植系统
北京门头沟京白梨栽培系统
北京门头沟杏树栽培系统
北京门头沟京西核桃栽培系统
北京门头沟玫瑰花栽培系统
北京门头沟盖柿栽培系统
北京门头沟红头香椿栽培系统
北京房山旱作梯田系统
北京房山京白梨栽培系统
北京房山良乡板栗栽培系统
北京房山菱枣栽培系统
北京房山磨盘柿栽培系统
北京房山山楂栽培系统
北京房山仁用杏栽培系统
北京房山黄芩文化系统
北京房山上方山香椿文化系统
北京房山中华蜜蜂养殖系统
北京房山拒马河流域传统渔业系统
北京通州葡萄栽培系统
北京顺义水稻栽培系统
北京顺义铁吧哒杏栽培系统
北京大兴安定古桑园
北京大兴北京鸭养殖系统
北京大兴金把黄鸭梨栽培系统
北京大兴玫瑰香葡萄栽培系统
北京大兴皇室蔬菜栽培系统
北京大兴西瓜栽培系统
北京昌平京西小枣栽培系统
北京昌平海棠栽培系统
北京昌平京白梨栽培系统
北京昌平核桃栽培系统
北京昌平磨盘柿栽培系统
北京昌平燕山板栗栽培系统
北京平谷佛见喜梨栽培系统
北京平谷蜜梨栽培系统
北京怀柔板栗栽培系统
北京怀柔尜尜枣栽培系统
北京怀柔红肖梨栽培系统
北京密云黄土坎鸭梨栽培系统
北京密云御皇李子栽培系统
北京延庆香槟果栽培系统
北京延庆八棱海棠栽培系统
北京延庆李子栽培系统
北京延庆葡萄栽培系统

天津市（3项）

天津宝坻稻作文化系统

天津静海枣树栽培系统

天津西青沙窝萝卜栽培系统

河北省（4项）

河北涉县核桃－作物复合系统

河北魏县鸭梨栽培系统

河北永年大蒜栽培系统

河北献县古桑林

山西省（6项）

山西稷山板栗栽培系统

山西临猗江石榴栽培系统

山西神池莜麦种植系统

山西壶关旱作梯田系统

山西平顺大红袍花椒栽培系统

山西沁县沁州黄小米种植系统

内蒙古自治区（6项）

内蒙古东乌珠穆沁草原游牧系统

内蒙古西乌珠穆沁草原游牧系统

内蒙古阿巴嘎黑马养殖系统

内蒙古乌审草原游牧系统

内蒙古伊金霍洛草原游牧系统

内蒙古鄂托克阿尔巴斯白绒山羊养殖系统

辽宁省（7项）

辽宁台安龙凤台鸭养殖系统

辽宁岫岩大尖把梨栽培系统

辽宁本溪绒山羊养殖系统

辽宁本溪老红根谷子种植系统

辽宁大石桥博洛铺谷子种植系统

辽宁庄河歇马杏栽培系统

辽宁庄河大骨鸡养殖系统

吉林省（1项）

吉林和龙长白山林下参种植系统

黑龙江省（8项）

黑龙江五常稻作文化系统

黑龙江阿城交界木耳生产系统

黑龙江宁安镜泊湖渔猎文化系统

黑龙江东宁黑木耳生产系统

黑龙江东宁松茸文化系统

黑龙江穆棱红豆杉文化系统

黑龙江塔河桦树文化系统

黑龙江呼玛樟子松文化系统

江苏省（14项）

江苏丰县果树栽培系统

江苏溧阳白芹栽培系统

江苏金坛建昌圩传统农业系统

江苏张家港稻作文化系统

江苏张家港小麦种植系统

江苏如东狼山鸡养殖系统

江苏如东海子牛养殖系统

江苏海门琵琶栽培系统

江苏东海淮猪养殖系统

江苏淮安蒲菜栽培系统

江苏淮阴柘树文化系统

江苏淮阴银杏栽培系统

江苏姜堰溱湖湿地农业系统

江苏沭阳栗树栽培系统

浙江省（46项）

浙江建德苞茶文化系统

浙江东钱湖白肤冬瓜种植系统

浙江奉化水蜜桃栽培系统

浙江奉化芋艿栽培系统
浙江奉化曲毫茶文化系统
浙江奉化大桥草籽种植系统
浙江象山白鹅养殖系统
浙江乐清铁皮石斛文化系统
浙江永嘉稻作梯田系统
浙江苍南古磉柚栽培系统
浙江德清桑基鱼塘系统
浙江德清淡水珍珠养殖系统
浙江安吉竹文化系统
浙江秀洲南湖菱栽培系统
浙江秀洲槜李栽培系统
浙江嘉善杨庙雪菜栽培系统
浙江嘉善杜鹃花栽培系统
浙江海盐柑橘栽培系统
浙江海宁汪菜种植系统
浙江桐乡槜李栽培系统
浙江桐乡桑基鱼塘系统
浙江上虞盖北葡萄栽培系统
浙江上虞桑蚕养殖系统
浙江嵊州茶文化系统
浙江江山中华蜜蜂养殖系统
浙江常山油茶栽培系统
浙江常山胡柚栽培系统
浙江开化清水鱼养殖系统
浙江普陀兰花栽培系统
浙江普陀观音水仙栽培系统
浙江黄岩蜜橘栽培系统
浙江黄岩东魁杨梅栽培系统
浙江黄岩枇杷栽培系统
浙江天台云雾茶文化系统
浙江天台乌药文化系统
浙江天台小狗牛养殖系统
浙江天台香鱼养殖系统
浙江仙居鸡养殖系统
浙江缙云麻鸭养殖系统
浙江缙云茭白栽培系统
浙江龙泉香菇文化系统
浙江云和雪梨栽培系统
浙江云和黑木耳生产系统
浙江景宁惠明茶文化系统
浙江景宁香菇文化系统
浙江莲都通济堰及灌区农业系统

安徽省（8项）

安徽绩溪金山时雨茶文化系统
安徽寿县古香草园
安徽寿县梨树栽培系统
安徽寿县八公山黄豆种植与豆腐文化系统
安徽相山笆斗杏栽培系统
安徽杜集葡萄栽培系统
安徽烈山石榴栽培系统
安徽黟县石墨茶文化系统

福建省（25项）

福建丰泽清源山茶文化系统
福建洛江槟榔芋栽培系统
福建洛江红心地瓜栽培系统
福建洛江黄皮甘蔗栽培系统
福建洛江芥菜栽培系统
福建南安龙眼栽培系统
福建南安石亭绿茶文化系统
福建永春佛手茶文化系统

福建永春岵山荔枝栽培系统
福建永春闽南水仙栽培系统
福建晋江花生文化系统
福建惠安余甘栽培系统
福建安溪油柿栽培系统
福建安溪山药栽培系统
福建漳州凤凰山古荔枝林
福建云霄古茶园与茶文化系统
福建连城白鸭养殖系统
福建武平绿茶文化系统
福建龙岩斜背茶文化系统
福建龙岩花生栽培系统
福建松溪甘蔗栽培系统
福建霞浦荔枝栽培系统
福建福鼎白茶文化系统
福建古田银耳生产系统
福建蕉城柳杉文化系统

江西省（17 项）

江西广昌莲作文化系统
江西鄱阳传统渔业系统
江西大余鸭养殖与板鸭文化系统
江西遂川狗牯脑茶文化系统
江西遂川金桔栽培系统
江西修水宁红茶文化系统
江西青原灰鹅养殖系统
江西遂川鸭养殖系统
江西遂川稻作梯田系统
江西峡江蒿菜种植系统
江西新干三湖红橘栽培系统
江西泰和乌鸡养殖系统
江西分宜苎麻文化系统
江西浮梁茶文化系统
江西赣县稻作文化系统
江西彭泽梅花鹿养殖系统
江西庐山云雾茶文化系统

山东省（46 项）

山东历城白菜栽培系统
山东历城核桃栽培系统
山东章丘大葱栽培系统
山东章丘龙山小米种植系统
山东章丘明水香稻文化系统
山东章丘明水白莲藕栽培系统
山东章丘鲍芹栽培系统
山东章丘核桃栽培系统
山东章丘花椒栽培系统
山东章丘香椿文化系统
山东章丘甲鱼养殖系统
山东长清瓜蒌栽培系统
山东长清张夏玉杏栽培系统
山东长清茶文化系统
山东长清灵岩御菊栽培系统
山东桓台白莲藕栽培系统
山东桓台山药栽培系统
山东桓台四色韭黄栽培系统
山东峄城石榴栽培系统
山东滕州梨树栽培系统
山东台儿庄桃树栽培系统
山东台儿庄银杏栽培系统
山东寿光桂河芹菜栽培系统
山东寿光羊角黄辣椒栽培系统
山东寿光大葱栽培系统
山东寿光鸡养殖系统

山东安丘流苏树栽培系统
山东安丘大姜栽培系统
山东安丘花生栽培系统
山东安丘大蒜栽培系统
山东安丘大葱栽培系统
山东安丘樱桃栽培系统
山东岱岳古栗林
山东新泰黄瓜栽培系统
山东新泰樱桃栽培系统
山东雪野古栗林
山东莱芜鸡腿葱栽培系统
山东莱城白花丹参种植系统
山东莱城花椒栽培系统
山东莱城姜栽培系统
山东莱城朱砂桃栽培系统
山东莱城山楂栽培系统
山东莱城黑山羊养殖系统
山东莱城黑猪养殖系统
山东莱城大蒜栽培系统
山东临清古柘树林

河南省（6 项）

河南巩义古橿树林
河南新安古樱桃园
河南南召辛夷栽培系统
河南南召柞蚕养殖系统
河南平舆白芝麻种植系统
河南确山古栗林

湖北省（11 项）

湖北夷陵雾渡河猕猴桃栽培系统
湖北普都银杏栽培系统
湖北秭归桃叶橙栽培系统
湖北秭归九畹溪丝锦茶文化系统
湖北巴东独活栽培系统
湖北蔡甸藜蒿栽培系统
湖北蔡甸莲藕栽培系统
湖北监利猪养殖系统
湖北荆江鸭养殖系统
湖北随县葛根栽培系统
湖北钟祥葛根栽培系统

湖南省（5 项）

湖南江永香米文化系统
湖南双牌古银杏群
湖南道县把截萝卜栽培系统
湖南保靖古茶园
湖南古丈毛尖茶文化系统

广东省（9 项）

广东增城乌榄栽培系统
广东增城凉粉草栽培系统
广东增城挂绿荔枝栽培系统
广东增城稻作文化系统
广东增城迟菜心种植系统
广东潮阳乌苏杨梅栽培系统
广东阳春春砂栽培系统
广东高州古荔枝园
广东化州化橘红栽培系统

广西壮族自治区（14 项）

广西横县白毛茶文化系统
广西临桂罗汉果栽培系统
广西恭城月柿栽培系统
广西灌阳雪梨栽培系统
广西灵川古银杏群
广西全州稻鱼鸭复合系统

广西苍梧六堡茶文化系统
广西岑溪古茶园与茶文化系统
广西八步开山白毛茶文化系统
广西南丹巴平米种植系统
广西南丹长角辣椒栽培系统
广西南丹六龙茶文化系统
广西南丹巴平稻作梯田系统
广西忻城珍珠糯玉米种植系统

海南省（3项）

海南海口荔枝栽培系统
海南白沙茶园与茶文化系统
海南陵水疍家渔文化系统

四川省（20项）

四川崇州枇杷茶文化系统
四川龙泉驿水蜜桃栽培系统
四川郫县稻鱼共生系统
四川邛崃老川茶文化系统
四川邛崃花楸茶文化系统
四川双流成都麻羊养殖系统
四川双流郁金栽培系统
四川双流辣椒栽培系统
四川温江大蒜栽培系统
四川平武果梅文化系统
四川江油附子栽培系统
四川安州大树杜鹃文化系统
四川三台涪城麦冬栽培系统
四川三台崭山米枣栽培系统
四川北川苔子茶文化系统
四川雨城藏茶文化系统
四川名山蒙顶山茶文化系统
四川高坪芥菜栽培系统
四川嘉陵柑桔栽培系统
四川通江银耳生产系统

云南省（63项）

云南师宗薏米种植系统
云南师宗糯稻文化系统
云南师宗药用生姜栽培系统
云南南华山菌利用系统
云南双柏稻作梯田系统
云南大姚核桃栽培系统
云南大姚湾碧鸡养殖系统
云南大姚蜂蜜养殖系统
云南澄江渔猎文化系统
云南新平古茶园与茶文化系统
云南元阳古茶园与茶文化系统
云南建水古茶园与茶文化系统
云南建水稻作梯田系统
云南弥勒甘蔗栽培系统
云南蒙自甜石榴栽培系统
云南文山三七栽培系统
云南富宁八角栽培系统
云南广南铁皮石斛文化系统
云南广南古茶园与茶文化系统
云南广南文山牛养殖系统
云南西畴阳荷栽培系统
云南西畴乌骨鸡养殖系统
云南西畴传统渔业系统
云南丘北乌芋栽培系统
云南丘北辣椒栽培系统
云南丘北粉红腰豆种植系统
云南勐海古茶园与茶文化系统
云南巍山稻豆复种系统

云南巍山黑山羊养殖系统
云南巍山黄牛养殖系统
云南巍山红雪梨栽培系统
云南弥渡古茶园与茶文化系统
云南弥渡传统种植业系统
云南宾川核桃—作物复合系统
云南宾川朱苦拉古咖啡林
云南云龙沟渠灌溉农业系统
云南云龙林下作物栽培系统
云南云龙稻作梯田系统
云南云龙诺邓古盐井
云南云龙坝区灌溉农业系统
云南云龙梨—作物复合系统
云南云龙核桃—作物复合系统
云南云龙山地旱作复合系统
云南云龙高原养殖系统
云南云龙传统蔬菜种植系统
云南云龙古茶园与茶文化系统
云南云龙花椒栽培系统
云南云龙河谷灌溉农业系统
云南云龙仔猪养殖系统
云南云龙黑山羊养殖系统
云南云龙荞麦种植系统
云南云龙古梨园
云南云龙乌骨鸡养殖系统
云南腾冲银杏栽培系统
云南腾冲古茶园与茶文化系统
云南腾冲水牛养殖系统
云南腾冲秃杉栽培系统
云南腾冲马养殖系统
云南腾冲香叶树栽培系统
云南腾冲灌溉农业系统
云南芒市稻作文化系统
云南芒市德昂酸茶文化系统
云南瑞丽石斛栽培系统

贵州省（6项）

贵州盘县稻作梯田系统
贵州盘县古银杏群
贵州剑河稻作文化系统
贵州黎平香禾糯栽培系统
贵州三穗鸭养殖系统
贵州普定朵贝茶文化系统

西藏自治区（3项）

西藏乃东雅砻谷地传统农业系统
西藏山南青稞栽培系统
西藏吉隆犏牛养殖系统

陕西省（8项）

陕西凤县大红袍花椒栽培系统
陕西千阳稻作文化系统
陕西南郑古茶园与茶文化系统
陕西佛坪山茱萸栽培系统
陕西汉阴稻作梯田系统
陕西石泉桑蚕养殖系统
陕西紫阳古茶园与茶文化系统
陕西岚皋稻作文化系统

甘肃省（6项）

甘肃阿克塞哈萨克草原游牧系统
甘肃肃南裕固族草原游牧系统
甘肃碌曲洮河传统渔业系统
甘肃徽县银杏栽培系统
甘肃岷县黑裘皮羊养殖系统
甘肃岷县中蜂养殖系统

青海省（3项）

青海大通牦牛养殖系统

青海湟中蚕豆种植系统

青海湟中燕麦种植系统

宁夏回族自治区（6项）

宁夏大武口葡萄栽培系统

宁夏平罗昌润渠及其灌区农业系统

宁夏平罗桑树栽培系统

宁夏青铜峡稻作文化系统

宁夏盐池滩羊养殖系统

宁夏沙坡头灌溉农业系统

新疆维吾尔自治区（4项）

新疆察布查尔布哈农业系统

新疆温宿旱稻栽培系统

新疆高昌吐鲁番葡萄栽培系统

新疆阿图什无花果栽培系统

后　记

做好最后的编排工作后，想想还是有几句话要说。记录于此，权当后记。

联合国粮农组织的“全球重要农业文化遗产（GIAHS）”经历了从概念开发（2002—2005 年）到项目准备（2005—2008 年）、再到项目实施（2009—2014 年），完成了从项目到计划（2014—2015 年）的成功转变，目前已步入稳定发展阶段，美、澳等国已不再坚决反对、越来越多的国家积极申报就是最好的证明。

“中国是 GIAHS 倡议的最早响应者、积极参与者、成功实践者、重要推动者、主要贡献者”的评述较为客观：成功推荐首批试点并第一个正式授牌（2005）；第一个成功举办项目启动活动（2009）；第一个成功承办“GIAHS 国际论坛”（2011）；成功推动将 GIAHS 写入《亚太经合组织（APEC）粮食安全部长会议宣言》（2014）和《二十国集团（G20）农业部长会议宣言》（2016）；第一个举办“GIAHS 高级别培训班”（2014 年起每年一届），第一个开始国家级农业文化遗产发掘工作（2012 年开展中国重要农业文化遗产发掘与保护工作，已分四批发布 91 个项目）；第一个颁布管理办法（2015 年颁布《重要农业文化遗产管理办法》）；第一个开展 GIAHS 监测评估（2015）；第一个开展全国性农业文化遗产普查（2016 年作为写入中央“一号文件”的工作并于当年发布 408 项具有潜在保护价值的农业文化遗产）；第一个获得“全球重要农业文化遗产特别贡献奖”（闵庆文于 2013 年获奖）；第一个因农业文化遗产保护而获得“亚太地区模范农民”（金岳品于 2014 年获奖）；李文华院士首任 GIAHS 项目指导委员会（ST）主席（2011）；闵庆文研究员首任 GIAHS 科学咨询小组（SAG）主席（2016）；等等。此外，我们还是拥有 GIAHS 数量最多的国家（15 项）、进行农业文化遗产主题展示次数最多的国家（2010 年“首届农民艺术节”期间设置了“农业文化遗产主题展”，回良玉副总理、韩长赋部长等观展；2012 年“中华农耕文化展”设置了“全球重要农业文化遗产成果展”，乌云其木格副委员长、张梅颖副主席、韩长赋部长等观展；2014 年“第十二届中国国际农产品交易会”设置

"全球重要农业文化遗产展厅"，韩长赋部长观展；2017年"第十五届中国国际农产品交易会"设置"全球重要农业文化遗产展厅"，汪洋副总理、韩长赋部长观展；2018年11月23日至2019年3月16日成功举办"中国重要农业文化遗产主题展"，韩长赋部长、余欣荣副部长、屈冬玉副部长以及一批外国驻华使节、部分全国政协委员观展；出版专著与发表学术论文最多；东亚地区农业文化遗产研究会（ERAHS）的发起者……

成就之下并非没有问题。例如：科学研究有待深入，特别是多学科综合性研究还不能满足农业文化遗产保护与发展的现实需求；与日本等国家相比，遗产保护机制与机构不够完善；与韩国等国家相比，遗产保护与发展的投入明显不足；品牌影响力和领导重视程度远低于自然遗产、文化遗产、非物质文化遗产、地质公园甚至是传统村落、森林公园等；多数遗产地居民因为收益偏低保护积极性不高……

造成上述问题的原因是多方面的，其中一个重要方面是许多人对农业文化遗产的概念、重要价值与动态保护的理念、保护与发展途径认识不清。在我参加的很多次论坛、报告会、咨询会、研讨会等以及与诸多地方领导的交流中，最多的反映是"农业文化遗产，没有听说过啊？"我也曾多次自嘲，由于基层主管领导和分管领导变化较快，"这些年做得最多的是反复向基层领导们进行农业文化遗产科普"。

"不仅要做好科研工作，还要做好咨询服务；不仅要做好学术研究，还要做好科普宣传"，是我们过去十多年来工作的基本思路。为此，曾于2013年在《农民日报》开设"农业文化遗产"专栏，2018年在《农民日报》多次开设"农业文化遗产"专版，多次在组织《世界遗产》组织专辑，在《中国国家地理》《中华遗产》《世界环境》《生命世界》等组织专题或封面文章，在"China Daily"《光明日报》《科技日报》《中国科学报》《中国文物报》等组织专版文章，与中央电视台农业频道《科技苑》栏目联合拍摄大型专题片《农业遗产的启示》等。

偶尔翻翻在报刊上所发的这些科普性短文，发现尽管由于阶段性认识的局限存在一些问题，但总体而言对于快速、系统了解农业文化遗产的概念与内涵、保护与发展的理念与指导保护与发展实践还是有所帮助的。以《农业文化遗产知识读本与实操指导系列》形式分3册汇编的这101篇短文，着重阐述了三个问题：什么是农业文化遗产？为什么保护农业文化遗产？如何保护农业文化遗产？

全套书正文部分为作者单独或合作（合作文章均列出了作者名单）的文章

101 篇，绝大多数已在有关报刊发表。此外，还以“延伸阅读”的形式，在相应部分附上了韩长赋、杨绍品、李文华、赵立军、叶群力与徐向春、伍丽贞、郑惊鸿与徐峰等的文章，相关节日的背景与年度主题，以及两次 GIAHS 国际论坛所发“宣言”，在第一册后附上，截至 2019 年 3 月的全球重要农业文化遗产名录、中国重要农业文化遗产名录和 2016 年全国农业文化遗产普查所分布的具有保护价值的潜在农业文化遗产名录。征得李文华院士同意，“拥抱农业文化遗产保护的春天”一文作为系列丛书序言。

需要说明的是，因为年度时间跨度大（2006—2019）、农业文化遗产工作发展快等多种原因，有些文章可能有些过时、重复，甚至有前后表述不一致的地方，除部分作了简单标注并对明显错误进行修改外多数还是以原貌形式展现。“保持原貌”既是为了记录农业文化遗产的发展历程，也是为了让读者能够了解我对农业文化遗产及其保护这一科学问题认识的变化过程。

借此机会，真诚感谢我的导师李文华院士对我的引导和指导，是他老人家将我引入了这个“冷门但意义重大的领域”并持续给予强力支持；真诚感谢我的家人对我的理解和支持，是他们的理解和支持才使我有不断前行的动力；真诚感谢过去十多年来和我一起跋山涉水深入遗产地、饱受煎熬难以出成绩但依然无怨无悔陪我坚守的团队成员和学生们，特别感谢长期给予强力支持的联合国粮农组织、农业农村部和中科院地理资源所领导，有关高校和科研单位的前辈和同人，各遗产地领导和农民朋友、新闻媒体和有关企业的朋友，以及其他所有热心于农业文化遗产保护事业的师友。特别感谢农业农村部对本套书出版的资助。今年是农历己亥猪年，猪也是农业文化中一种吉祥和富裕的象征，在此祝愿所有关心、支持和帮助我的人，祝愿所有“农业文化遗产守护者”，猪年大吉、诸事顺利！

2019 年 4 月 2 日